電気の事件史
電気は誰のものか

田中聡

装丁　寄藤文平＋鈴木千佳子（文平銀座）
カバー写真　松村秀雄

電気は誰のものか——電気の事件史　目次

序

電気は盗めるか

電気にかかわる事件を追いかけたい。

日本で初めて街灯が試験点灯されたのが明治十五（一八八二）年。それから百三十年余りの間には、利権を争った生臭い事件もあれば、電気料金をめぐる騒動や、市井のほのぼのとした珍事、電気を利用した犯罪、電力会社同士の熾烈な競争から生じた事件など、さまざまな出来事があった。

もちろん最大の事件は、二〇一一年の東京電力の福島第一原子力発電所の事故だ。しかし本書があつかうのは、原子力発電所が登場するよりも前の時代である。したがって本書のテーマは、原子力発電を問題にする以前の、電気そのものについての問いとなる。

それは「電気は誰のものか」という問いである。

妙な問いかけに思われるかもしれない。しかし原発事故の後、電力問題がさまざまに問われてきたなかで、結局、ここに最大の難問があるような気がする。たとえば、世論調査では原発をやめるべきだという意見が多数派であるにもかかわらず、現在の政策はその民意を無視しているように見える。それがなぜかはさておき、電気とはこれほどにも人々の自由にならないものなのだということに、原発事故の後、今更ながらに気づかされた。現在のところ、一般家庭では電力会社を選ぶということもほとんどできない。

それは大電力会社による地域独占体制が守られているからというだけのことではないと思う。いつからか我々自身が、電気とはこういうものだと思い込んでいなかっただろうか。「電気は誰のものか」などという問いは意識されることもなかったように思う。

もちろん今では、新しい試みも数多く登場している。これからは電力の自由化がさらに進み、電力をめぐる環境は大きく変わるのだろう。だとしたら今こそ、根本的なところから考えてみるチャンスだと思う。

早速、一つの事件を見てみよう。

明治三十四（一九〇一）年十一月、横浜共同電灯会社が、電気を盗まれたと横浜地方裁判所に訴えている。当時は電球ごとの定額契約だったが、被告は自宅の屋内配線に線をつないでもう一つ電球をつけ、また二軒の家で同様な工事をして工事費を得ていたという。そのうち一軒での工事が不首尾だったので電灯会社に通報され、発覚したのである。

この裁判は、法曹界の大論争にまで発展し、「電気は窃盗の対象になりうるものなのか？」という問題をめぐって、激しい議論が交わされた。

一審で弁護人は、電流は有体物ではないので窃盗の対象にはならないと主張した。しかし判決では、民法の「物とは有体物をいう」とする規定は刑法にはあてはまらず、物でなくても領収移転できるなら窃盗罪の対象になると論じ、被告に重禁固三ヶ月、監視六ヶ月の有罪を言い渡した。

被告はこれを不服とし、東京控訴院に上告する。控訴院は、物理学者の田中舘愛橘《たなかだてあいきつ》博士を鑑定人に委託し、博士は「電気はエーテルの作用による現象と考えられており、有体物とは言えない」と説明した。控訴院は、この説明にもとづき、また窃盗罪の目的物は有体物に限ると解釈して、電流が物質でないなら窃盗の目的とはできないと判断し、被告を無罪とする。

横浜共同電灯会社はただちに大審院に上告。そこで判決はまたしても逆転し、被告は有罪とされた。

それは次のような理屈による。

刑法では、「物」の定義を与えていないので、窃盗の目的となりうるかどうかという範囲も限定できない。したがって、可動性と管理可能性の有無によってのみ、窃盗の目的物たりうるかどうかを決めるべきである。しかるに電気は、形こそないが、五官でその存在を認識できるし、容器に蓄積することもできる。その容器を所持して、別の場所へ移すこともできる。つまり可動性と管理可能性とを持っている。ゆえに窃盗罪は成立するとされたのである。

この裁判では、「電気とは誰のものか」という問いよりもさらに基本的な、そもそも「電気は所有できるものなのか」という問題が問われている。控訴院では、さらに「電気とは何か」という問いにまで掘り下げた判決になったが、大審院では、それを刑法の範疇にはない問題として、一審と同様に日常的な次元での判断をくだしている。

この判決が出た後も法曹界では論争が続いたという。だが明治四十(一九〇七)年の刑法改正のさいに、電気は財物とみなすと明記された。それ以来、このような議論は二度とされなかっただろう。今では、電気は盗みの対象になりえないという議論があったことが奇妙にさえ感じられるくらいだ。だがかつては、このくらい根本的なところから考えねばならなかった。電気は、それほどにまったく新しいものだったのである。

今もまた、そのくらい根本的なところから見直してみるべきかもしれない。はたしてこの問いは、ばかばかしいものだろうか。たとえば自然エネルギーを利用して自家発電する人などは、改めて考えてみたくなることではないだろうか。

太陽の光や風が電気となったとき、それは私の所有物なのだろうか？　こうも思う。買ってきた薪を燃やしたとき、その炎は私の所有物だろうか？　炎の明るさは私のものだろうか？

こんなことを考えだすと、エネルギーというものの扱いの難しさを思わざるをえない。おそらく電気を盗用した人たちは、あまり盗んでいるという気がしていなかったのではなかろうか。

それだけに電力会社にとって盗電は悩みの種だったようだ。分岐して電球数を増やしたり、契約よりも明るい電球を買ってきてつけたりしていても、家の中に入らないとわからない。検査係が摘発のために抜き打ちで家々を訪れたが、家に入れろ、入れないで喧嘩になることも少なくなかった。検査係は四六時中目を光らせているので、目つきや人相が刑事のようになってしまい、親戚からも敬遠されるようになった人もいたという。長野電灯では、村々に電気が普及するにつれ盗電が増え、とくに「遠方のK村」では「見すごすことができぬほどひどかった」ので、「仕方なく制限器をとりつけたところ、『なぜおらの村だけ差別扱いにするのか』と村民集会まで開き、会社から係員が呼ばれて団体交渉を受けたこともあった」という（『長野に電灯が点いて八十年』）。その村の人々も、電気を盗んでいると言われてもピンとこなかったのかもしれない。電球の数を増やすことを、薪の火を他の薪に移しても火を盗んだとは言わないというような感じでとらえていたのではなかろうか。今日で言えば、パソコンの市販ソフトをコピーして使うことが犯罪だと実感されにくいのに似ているかもしれない。

　明治末頃から徐々に家庭に電気メーターが設置されるようになっていったが、そうなると盗電もだいぶ犯罪らしくなる。竹内朴児《たけうちぼくじ》『電気屋聞書帖』によれば、配線をいじって電流を逆転させる「ふんどし」、メーターを通さない「素通し」、計器の基盤に穴をあけて針を差し込んだり磁石を使ったりして円盤の回転を止めるなどの手口があった。当初のメーターは三桁しかなかったので、それ以上になれば、メーターは一回りして最初に戻る。たくさん電気を流して一回りさせ、先月分にちょっと加えた数字になったところで検針させるというやり方もあった。昭和初期には、盗用のための器具を作って売り歩く者もいたそうだ。

　メーターによって電気使用量が数字で見えるようになると、盗用もただ勝手に使うというのでなく、数字を操作して騙すようなやり方になり、犯意が強く感じられるようになった。電気を財物とした法的な規定が、メーターによって数量的に明示できる実体として裏付けされたとも言える。そうして電気は、イメージを一つ固めた。

　電灯が初めて広まりだした頃には、それを近代文明の輝きと喜ぶ人もいれば、忌まわしいものと嫌悪する人もいた。神秘的に感じた人もいた。人々の電気をめぐるイメージは多様だった。昔の人は変なことを考えていたと言いたいのではない。電気をめぐるイメージが今日のようなものへと定まっていくまでに、「電気は誰のものか」という問題が見えなくなっていったプロセスもあったような気がするのである。電気が神秘的だったのは、炎が神秘的だったのと同じだろう。その神秘感が失われたのは、もっぱら法や経済の枠組みで電気を見るようになったからだ。

事件とは、調和や安定にひびが入るような出来事である。電気をめぐる事件を見ていくことで、自分の電気についてのイメージにも、ひびが入らないかと期待している。現在の私たちが直面している課題に直接の解答がみつかることはないにしても、ちょっとした思い込みに気づくことはあるかもしれない。それも大事なことだろう。ひびから雑草が芽吹くことだってある。

第一章

電灯つけるがなぜ悪い？

―赤穂村の騒乱

炎の粛清

建物を覆って燃え上がった炎が、夜空を高く舐めまわしている。

その周囲を、巨大な焚き火でも囲むかのように、群衆が取り巻いている。恍惚とした表情に揺れる炎を照りかえし、まるで祭りに集った赤鬼の群れのようだ。

炎は、母屋から納屋へ、さらには四棟ある牛舎へも拡がり、火の海となって夜空を焦がした。

「すばらしい勢いだな」

「火事を、はじめから終わりまで手もつけずに観られるのは、これきりだぜ」

昂ぶった声が交わされる。

やがて、母屋がうつむくように傾いて、どうと倒れた。煙と火の粉が渦巻く柱となって天高く昇っていく。

「バンザイ」

群衆の歓声があがった。

そして、互いの顔を見合わせ、なすべきことを果たしたのだという思いを確認しあった。

電灯を点灯した家、電灯会社と契約して点灯準備のされていた家はすべて襲い、めちゃくちゃに破壊してやった。サーベルを振りかざして迫る警官隊を投石で追い返し、逃げ込んでいった警察署にもつぶてをうって、電球を破壊し、窓ガラスをことごとく割った。

その激しい感情の昂ぶりも、今では火事の炎が小さくなってゆくのにあわせるように鎮まっていく。

まもなく夜が明けようとしていた。

人々は、焼け残った残骸に目をやり、「罰だよ」などとつぶやきながら、三々五々に、その場を離れ、去っていった。

近隣の村々からポンプを引いてかけつけていた消防組の男たちは、消火を禁じられて燃え尽きるまで手持ちぶさたに眺めさせられたことに不平をこぼしながら帰っていった。

厳戒態勢の村

大正二(一九一三)年八月一日の深夜、長野県の赤穂村《あかほ》(現・駒ヶ根市)で起こった「赤穂騒擾《そうじょう》事件」は、この焼き討ちをクライマックスとして終結した。

大正元年の赤穂村の戸数は一六七五戸、人口は一万七百九人。農業がほとんどの村だった(下村雅司『赤穂』)。その村で、千人をこえたという群衆の「暴徒化」が起こったのである。標的とされ破壊されたのは、長野電灯会社の供給を受けて家に電灯をつけた三軒と、点灯予定で設備ができていた四軒。そのなかで火を放たれて焼き尽くされたのは、元兇とみなされた笹子重太郎の家であった。さらに巻き添えをくって壊された家も一軒あった。

翌日には、今夜もまた襲撃があるという風説が拡がる。近くの山林に伐採作業に来ていた職人二百数十人が暴動に加わっているという噂も流れた。

赤穂村警察分署の松野分署長は不安にかられ、豊橋師団に軍隊の出動を要請する。長野県下各地の警察署からも計百名以上の応援が派遣されてきた。松野分署長は、赤穂村から他村に通じる道をはじめ、要所要所に警官を配して警備にあたらせた。村人はひっそりと家に閉じこもり、表には警官の腰のサーベルの音ばかりが響く。まるで戒厳令下のような、ものものしい雰囲気だ。それほどに警察は村人の動きを恐れていた。そして村人は警官に怯え、また憎んでいた。

この騒動の原因は、電灯にあった。電灯をつけた家があるというだけのことが、これほどの大騒動を引き起こしたのだ。

奇妙な事件に思えるが、そこには「電気は誰のものか」という疑問が、いや怒りがあった。

この事件の顛末を、赤穂村に住んでいた『南信毎日新聞』の編集者下村雅司が、村人に委託されて『赤穂事件　夢痕集』という本にまとめている。それを元に、焼き討ちにいたるまでの事情をたどってみよう。以下、断りのない引用はすべて同書からのものである。

事件の発端

明治三十（一八九七）年に長野市で創業した長野電灯会社は、明治末頃には伊那地方にも営業範囲を広げつつあった。明治四十四（一九一一）年には、伊那町の実業家らが認可を得ていた電気事業の経営権を買い取って、あわせてそこに近い宮田村、そして赤穂村にも供給区域を広げて追出願する。

それを知った赤穂村の村長、福沢岩夫は、自分たちの手で村の電気を供給したいと考え、村内の有力者たちとはかって事業経営権の出願を県知事を通して逓信大臣に提出した。逓信省は、交通運輸、通信行政を統括し、明治四十二年からは電気行政をも管掌していた。電気事業の経営権の許認可は逓信大臣の名のもとに決定される。

しかし、経営権は先に出願した長野電灯会社に与えられた。

福沢らは落胆する。だが、なお今後の方針を検討しているうち、長野電灯会社に交付された許可指令

福沢岩夫村長
（『赤穂事件　夢痕集』より）

の写しに「国又は供給区域を管轄する公共団体に於て、電気事業の全部又は一部を買収せんとする時は、会社は之を拒むことを得ず」という一文があることに気づいた。村営とするなら、事業の権利を買い取ることができるというのである。

村営であれば、営利会社と違って採算のあわない離れたところにある家にも電気を送れるし、事業が村の財源ともなる。それこそ理想的ではないか。福沢村長らは村会にはかって、「挙村一致の形式と態度」で出願することを決議した。大正元年十二月十五日に出願し、また長野電灯に対しても赤穂村内の事業経営権を譲りうけたいと申し込んだ。

今度は当然、認可されるものと福沢らは信じていた。だが、認可が下りるまで、うかうかと待ってはいられない。三十三名からなる電灯委員会を作り、部落ごとに伍長会を開いて、次のような長野電灯に対する封じ込めの方針を周知させ、村民の結束を固めた。

・長野電灯会社からの電力供給は受けない。
・村内の私有地を長野電灯に貸さない。
・電柱などの工作物の建設のために里道を使用することを許可しない。

伍長とは、近隣の五戸を一組としたその代表である。江戸時代の五人組制度がまだ生きていたのだろう。情報の伝達と、裏切り者を出さないための相互監視装置として活用されたのだ。

それほど徹底した結束を求めたのは、福沢らに長野電灯会社への疑念があったからである。長野電灯会社の創業者は、長野県財界の有力者であった小坂善之助である。小坂は、信濃銀行、信濃毎日新聞社の創業者でもあり、立憲政友会に属する衆議院議員でもあった。明治二十三（一八九〇）年の国会開設以来、四期をつとめ、赤穂事件当時はすでに引退していたが、政友会の幹部たちとの縁は当然ながら深かった。そして小坂の一族が県下の枢要な地位を多く占めていた。

事件当時の長野電灯会社の社長は、小坂の娘婿、花岡次郎である。花岡は、やはり政友会に属する県会議員で、政友会長野県支部の重鎮だった。後には衆議院議員となる。長野電灯の重役や株主にも政友会の党籍を持つ者は多かった。

そして赤穂村の事業経営権の認可が長野電灯におりたのは大正元年九月三十日。その一ヶ月前の八月三十日に政友会の第二次西園寺公望内閣が成立していた。

もしや、政権与党と大資本が癒着して認可先を左右しているのではないか。

その疑念が、赤穂村の人々に戦闘的なまでの姿勢をとらせたのである。

しかし、村人の結束は完璧ではなかった。まもなく、笹子重太郎とその雇い人らが、長野電灯の依頼を受けて、点灯申し込みの勧誘をして回っていることがわかったのだ。電灯委員会は各伍長を指揮し、勧誘にのって申し込んだ家々を回って、契約をすべて撤回させる。そして協議会を開くと、村民一致の行動で村営電気事業の完成につとめるべきことや、長野電灯の電灯供給に応じないことを、規約として決定し、伍長を通じて村民にこの規約への調印を求めることにした。

しかしまだ難問があった。規約を破った者をどうするか、である。破っても罰則がないのでは拘束力が弱い。かといって、へたな処分をすれば法律に触れかねない。なかなか名案が出なかった。皆が思案顔に黙り込んでいると、突然一人が立ち上がって言った。

「どうですか、皆さん。規約を破るような、エライ人には、御遠慮申すということにしては……」

皆は思わず笑いだした。そして即座にこの案に賛成した。「決議に反する者には、村民側から遠慮すること」に決定したのである。「遠慮とは交際しない即ち絶交を意味する」、すなわち村八分であった。

村八分にされた男

長野電灯に点灯申し込みをした人たちに契約撤回させるよう伍長会で協議をしていたとき、笹子重太郎が突然やってきて「そんなことをされては自分の面目がつぶれるではないか」と抗議したという。村営事業とするために協力してほしいと説得されると、「この問題は結局、勢力争いでしかない。だから自分は長野電灯会社にとことん協力する」と宣言した。

つまり笹子は、こそこそと電灯会社を裏から手引きしていたわけではなかった。堂々と村営に反対し、敵対する行動を取ると表明していたのである。「規約を破るような、エライ人」という言い方には、こうした笹子への皮肉もあったのだろう。

なぜ笹子は、村営事業に反対し、長野電灯に協力しようとしたのだろうか。

事件後に出た小新聞の記事では、笹子は長野電灯から二千円を貰う約束になっていたと暴露されている。事実とは限らないが、報酬の約束はあったと考えるのが自然だろう。ただし本人は検事の取り調べのさい、自分は買収されてはいない、村営はとても許可されるわけがなく、また収支も合わないと考えたのだと主張している。

笹子は、新聞と牛乳の販売業を営んでいた。村会議員でもあり、村長の給与が他の町村に比べて多いとか、大地主の村税負担額が少なすぎるなどと、以前から村の有力者たちを批判していた。当然、村会には対立している相手が多かった。とくに電灯委員会の委員長とは勢力が拮抗する敵対関係にあったという。また同業者としての競争のために反目している相手もいた。笹子は傲岸で人に譲ることのできない性格で、徳望なく、村民の多くから嫌悪されていた、と騒擾事件の予審の判決書の中に記されている。笹子には笹子なりに、村営にするより長野電灯にまかせたほうが早く確実に電灯がついて便利になるではないか、などというような理屈もあったかもしれない。しかしまずはあまのじゃくで、日頃から反目している連中の計画には協力したくないという対抗意識や意地が先にあったようにも思われる。

たった一本の電柱で許可

村民の拒絶が徹底していれば、長野電灯は赤穂村で工事ができない。多少なりと工事ができないと、営業開始のための検査を受けることもできない。

そこで長野電灯は、笹子の私有地を借りて電柱を建てた。

また県道に沿って電柱を建て、電線を架した。これには村民は手を出せない。しかし、県道から笹子宅まで電線を引くために里道に電柱用の穴をいくつか掘ったときには、ただちに電灯委員が人夫を引き連れて駆けつけ、穴を埋め戻した。その作業の途中、会社側の人夫たちも集まってきて抗議すると、水掛け論のなじりあいとなり、警官も交えての大騒ぎとなった。

以来、笹子・長野電灯と村との関係はいよいよ険悪になる。笹子の私有地に建てられた、たった一本の電柱によって、営業許可が出されてしまったからだ。

また、これも営業許可の必要からか、県道に並んだ電柱に街灯が点された。明るくなった街道を見れば、電灯の良さはわかる。だが、それだけになおのこと、村人の憎しみは募った。その道を通るときに街灯を睨みつけてゆく者もあったという。

こうなっては、笹子をほうっておくわけにはいかない。大正二年二月二十四日、電灯委員や有力者が集まり、笹子が販売する新聞、牛乳に対する不買同盟が結成される。「村民結束の第一歩に、笹子君を血祭りに挙げて、昂然たる村民の意気を端的に知らしめた」のである。かねての決議通り、「遠慮」が始められたのだ。

だが、そうして「血祭り」の決定に意気を高めたその日に、申請中だった村営事業について不許可の知らせが届く。

出願から二ヶ月。たった一度の調査も、文書照合さえもないままの却下だった。

一気に意気消沈した。そして長野電灯会社への反感と憎悪がますます募った。いまさらあの会社に点灯を申し込むなど屈辱でしかない。服従できるものか。

不退転の持久戦へ

そもそもこの却下は理不尽だと、福沢村長は思った。町村自治体こそは国家の礎である。町村の充実はすなわち、国家が豊かに強くなることだ。だからこそ、電灯会社は公営に権利を譲れと申し込まれたら断れないという規定があったのではないのか。それなのに、どうして却下するというのか。

やはり政友会につながる疑惑を考えずにはいられなかった。当時、政友会の西園寺公望と山県有朋閥の桂太郎とが交互に政権を担当し、「桂園時代」と呼ばれていたが、第三次桂内閣にいたって、「閥族打破・憲政擁護」をスローガンとする憲政擁護運動（第一次）が起こって、この年の二月、桂太郎内閣が倒閣に追い込まれ、第一次山本権兵衛内閣が成立していた。「桂内閣が倒れ、政友会を基礎とする山本内閣の組織されたのは二月二十日であった。政党と政党員、其処には一抹の相通ずる因果関係がありはしないか。ここにも長野電灯会社に対する村民憤怒の原因は胚胎されていたのであった」

この政権交代は、軍閥の横暴を批判し、憲政擁護を訴える民衆の直接行動が藩閥内閣を打倒し、大正デモクラシーの流れをつくったとも評される「大正政変」である。この日本史上の画期をなす政権交代のタイミングが、赤穂村にとっては不運でもあった。政友会が政権与党となるや、その四日後に不認可の知らせである。以前のこととも思い合わせて、かねての疑念はいよいよ確信となった。

この理不尽な決定の背後には「大政党の魔手」があり、その政党を動かしているのは長野電灯会社である。このような不正に我らは屈することはできない。我らは正義のために闘わねばならない。そうだ、もはや戦うしか方策はない。
村の有力者や電灯委員たちは、みずからを「正義」とみなし、不退転の持久戦をなす決意をしたのである。

村の論理

赤穂村の村民に「電気は誰のものか」と問えば、誰のものでもない、まず公共のために役立てるべきものだ、と答えただろう。しかし、財力と権力で電気を独占しようとしている者たちがいる。許せなかった。明治三十八年の日露戦争の講和条約調印を批判する人々による日比谷焼き討ち事件以来、民衆の示威行動は活気づき、この年にも憲政擁護をうったえる人々が各地で騒擾をおこし、二万人が議事堂を取り囲んで桂内閣を倒している。その時代の空気を、赤穂村の人々も呼吸していた。

下村は村営不認可の疑惑について、電灯会社への反感、憎悪から生じた「疑心暗鬼」と記し、事実と断定はしていない。証明はできないからだろう。ただ、騒擾にいたった村民の心情の純粋さを、政官財の癒着に対する、そして村を浸食しつつある資本主義に対する、義憤、対抗、自己防衛という大義によって裏打ちしようとしている。

「赤穂村という村的、もしくは公共的立場に立って、自治体利益の保全、自治の発展を策する財源の擁護の為には、暴威を逞しうする資本主義と戦わねばならぬ。権力と金力とによって、すべてを征服しうると信ずる、資本家と戦わねばならないのだ」

赤穂村の人々には、資本主義的な世界が村へ入ってくることへの反発があった。下村の書きぶりは社会主義的にも見えるが、それは後付けの理屈と見るべきで、村人たちとしては、よそ者が村に入り込んで事業経営することが不快だった。村人から集めた金を村外に持っていかれたくなかったのである。もちろん村長には、その利益を村の財源とし、村民の負担を軽くするとともに、産業振興の基にしたいというビジョンがあった。

公営電気事業の魅力

ところで、赤穂村が村営で電気事業を行おうとしたことは、珍しいことだったのだろうか。

公営電気供給事業は、明治二十五年に京都市が始めたのが最初である。東京で初めて電気供給が行われて五年後のことだ。

政府は当初、電気事業に対して保安取り締まりだけを行っていた。しかし普及が進んで、電気の公共性が高まったため、明治四十四年に「電気事業法」を制定し、電力事業者に各種の権利を与え、また一般人の妨害に対しては厳罰を科すことを決めた。電線の建設、保守を容易にし、事業を助成するためである。政府によって保護育成される産業になったのである。

赤穂村が村営を出願したのは、そのような電気事業の急成長期にあたっていた。公営電気事業も、明治四十年代になって増加し始める。市町村営、郡営の電気事業が年々増えて、赤穂事件の大正二年には十九の公営電気事業があった。大正十四年には八十三、昭和十年には百二十三となっている（『公営電気復元運動史』）。赤穂村が村営を目指したことは、この時代の流れに沿った、無理のない計画だった。赤穂村には、この事業を成し遂げられるだけの経済力もあった。

しかも当時の電気行政は、電気事業者がすでに供給している地域であっても、重複しての会社の新設を許可していた。おもに動力などの電力供給についてのことで、電灯に関しては地域独占を原則としてはいたが、一部では電灯事業の重複もあった。それで東京市や京都市などで市営と民間企業との激しい競合が起こっている。

その競合は、東京市では「三電競争」と呼ばれた。十二の電気事業が認められたうち、電灯事業も行う大手の東京電灯会社、日本電灯会社、東京市電気局が三つ巴の熾烈な戦いを繰り広げたのである。猛烈な値引き競争、新規の契約者からは料金を徴収しないなどのサービス競争が行われ、朝に契約した家が夕方には別の社との契約に替えてしまったり、一軒の家に三社の電線が引き込まれたりもした。一階と二階で別会社の電気を使うなどしていたのだ。同じ家で従業員が鉢合わせして暴力沙汰になることもあった。

大正の始め頃に東京電灯会社の巣鴨出張所にいた竹内朴児は、「当時いわゆる三電鼎立時代で東電、市電、日電の間で、激しい需要家の争奪戦があり、私たちは毎日体をはって戦い、市内各地に血腥まぐさい刃傷事件などが起こっていた」と言い、その頃の面白いエピソードを記している（『電気屋聞書帖　中』）。

巣鴨出張所の管内にあった巣鴨病院（当時有名な精神病院）は管内きっての大口需要家であった。ここはそれまで東電の需要家であったが、市立病院であるため、市電側が猛烈に切替攻勢をかけてきた。

私も出張所の責任者として、これに安々と応ずるわけにはゆかない。必死の防衛策を講じて六ヶ月も引延ばしたが、遂に切替えに応じなければならない日がきた。

この日、日曜である。東電側は器具を取り外さなければならない総勢五十人、私が引率して現場に出張した。市電側は百五十人、先にきて現場で待ちかまえていた。私たちが撤去した後へ、市電側で器具を取りつけなければならないからである。

すでに殺気がみなぎっているところへ、私たちも夕方近くまでねばった。先方も焦れて、いきり立ち、正に一触即発、というときであった。

突然、廊下の奥から、紙の軍服を着用した小柄の老人が走り出してきた。白い鬚をふるわし、眼光炯々としている。これが有名な葦原将軍であった。

葦原将軍とは、巣鴨病院、その後に移転した松沢病院で名物となっていた入院患者である。将軍あるいは天皇とも自称し、自作の軍服を着て傲然と大言壮語したが、それがあまりに面白いので、何か事件が起こるたびに新聞や雑誌の記者が病院を訪れてコメントを求めるようになり、当時は知らぬ者ない有名人であった。

将軍は手に愛用の月琴をふりかざしながら、にらみ合っている大勢の男たちに向って、大声で立て続けに「無駄だ！無駄だ！」と叫んだ。そして、なにやら月琴をかきならしながら軍歌調で歌い出した。

一瞬、男たちは声をのんだが、間もなく私の部下は器具の取り外しにかかり、これを静かに見守っていた市電側は、私たちの作業がすむと、器具の取りつけにかかり、かくして、切替は無事にすんだ。

作業がすんでから、竹内は「こっそり将軍に接見を許された」という。

三畳の個室の片隅には、紙製の大砲が据えてあって、一旦緩急あれば直にぶっぱなす、という憂国の至情が、偉容な爛々たるまなざしに溢れているようだった。

「わしを気違いじゃとぬかす奴もあるそうじゃが、つまり多数決の結果じゃよ、わしは別に、気にやせん」

といって空を向いて笑った。


葦原将軍の愉快な言動は多く伝わっているが、乱闘になる寸前の気性の荒い男たちを一瞬で鎮めてしまうような実力を持ってもいたのである。もし葦原将軍がいなければ、巣鴨病院で電気工たちの血まみれの乱闘が繰り広げられていたかもしれない。

このような激しい競争のなかで、過剰な値引きやサービスを行い、そのうえに莫大な延滞料金を抱えて、各社の経営は圧迫された。一方で、電灯料金は採算割れになるまでに下がったので、高所得でない家庭でも電灯をつけられるようになり、電灯の普及が一気に進んだという面もあった。三電競争は、大正六年に三電協定が結ばれるまで続く。

公営事業は、税金の負担がない分、民間より有利になる。民業圧迫となる。それでも供給地域の重複が認められたのは、公営電気の公益性が認められ、住民福祉を増進する事業とみなされていたからである。

戦前の公営電気事業の特色について、『公営電気復元運動史』は、おおむね次のような五点を挙げている。

一、住民の総意を反映して創業、経営されたこと。

議会による意思決定などの制度上のことだけではなく、「住民が直接的に電気事業の開始や経営について意見や集会を持つ場合も少なくなかった。これは、当時の電気事業の在り方に対する不満、あるいは電気のもたらす利便をすべての住民にという機運などが、住民の意思表示となってあらわれたことによるものであった。そして、このことによって当然に、各地方公共団体の電気事業の目的は、電気利用の機会均等、地方産業の振興、また経営にあたっては、料金の低廉化、サービスの向上が第一義とされた」のである。

二、地域総合開発や都市計画事業の一環に組み込まれていた。

たとえば、水力発電所を建設するときには、河川の治水事業と一体化して行われた。都市配電では、地下配線の建設、工場誘致地区の設置など、自治体本来の仕事と有機的な関連をもたせて、電気の公益性をいっそう高めることができた。

三、電気料金が安かった。だいたい民営の八、九割程度の電気料金だった。

四、事業の利益を、一般行政経費に繰り入れられた。

昭和十二（一九三七）年の税収入に対する比率でいえば、東京市では三％、大阪市で一四％、京都市で一七％、神戸市では二四％、仙台市では三八％、酒田市にいたっては九六％という恐るべき数字になっていた。
五、経営が安定し、サービス向上につとめられる。
公営は、営利事業では採算があわず配電困難な地域へも電気を供給していたにも関わらず、税外経費が民営よりも低く、低料金にしてもなお利益率が高かった。だから恐慌や厳しい競争によって民間企業が整理されていった時代にも、公営は安定した経営ができた。その安定性があったからこそ、辺鄙な地域にも供給できたのである。

これらの利点が認められ、実際に各地で自治体の公営電気事業が増えていた時代に、なぜ赤穂村では村営の許可が出なかったのだろうか。やはり福沢村長らの疑念は当たっていたのだろうと思われる。

不点火同盟が崩れる

赤穂村の有力者、電灯委員らは、何年かかろうと、村営の権利を獲得するまでは長野電灯会社の電気供給を拒絶し続けるという持久戦を決意した。

このとき福沢村長は、消防団の組頭を辞任している。消防は警察の所管だったが、赤穂警察分署はこの村の運動に対して冷笑的な態度をとり続けていた。すでに分署では長野電灯会社からの供給を受けて電灯をつけていたばかりか、分署長が巡査に命じて理髪店などを回らせ電灯の勧誘までさせていたのである。村長はそのことに抗議して、消防組頭を辞任した。あわせて部長から小頭までも辞表を提出している。

ここにまた新たな対立が生じていたわけである。

三月二日、福沢村長は、持久戦を呼びかける熱烈な宣言書を配布した。村民のより強固な結束を訴えるものでもあった。

しかし、ただ我慢して長野電灯を封じ込めているだけでは、先が見えない。福沢は、上京して内務省や逓信省を訪れ、不許可の理由を確認しようとした。しかし、まるで要領を得ない対応に、ますます政党による操作への疑惑を深めただけだった。そこで内務部長や地方局長に会って、村営を実現する手続きについて相談したところ、諸権利を買収したうえで出願すれば許可は容易になるだろうというアドバイスを受ける。

福沢は、長野電灯と交渉を始めた。しかし長野電灯にその気はなく、反対に、福沢に重役の椅子を用意しようなどと誘ってくる始末だった。甘言が通じないとみた会社側が提示した権利の評価額は、十二万円という破格値だった。赤穂村では、専門技師に調査を依頼し、施設工作物が五千円、既得権利は一万円相当と見積もっていた。財政的にも二万円以上の出費は不可能だった。

ひたすら持久戦を続けるしかなかった。

一方、会社側は村民の切り崩しを狙い、笹子重太郎と協議して対策を練った。

そのとき折悪しく、赤穂村内で停留所の問題が発生する。飯田線の前身である伊那電車軌道を敷設中だったのだが、その停留所の設置場所をめぐって村内に亀裂が生じたのだ。

赤穂村は、南北に三州街道が貫き、その両側に家屋が並んでいた。北のほうは商家が栄えていたが、南のほうには役場や警察署などはあるが商家は少ない。伊那電車鉄道は、その南北の境に停留所を設ける予定だった。だが、それでは栄えている北の町部から外れてしまう。そこで村長が町部の主だった者たちを集めて話し合い、北寄りの町部中央に設置することに決めた。

すると、その話し合いから外された南部の宿免《やどめ》地区の人々が怒った。先鋒に立ったのは、理髪店と乗合馬車業を営む野溝丑太郎、旅館を経営する松崎栄吉の二人である。二人は、当初の予定通りの場所に停留所を作るように要求し、「村長の態度によっては電灯問題の結束を破るぞ」と脅しをかけてきた。

その要求は容れられず、笹子が楔《くさび》を打ち込める亀裂が生まれた。いや、もともと笹子が宿免地区の人々を扇動して強硬な要求をさせたのである。電灯問題を取引に持ち出したのも、笹子の入れ智恵だっただろう。

笹子は、松崎、野溝の二人を誘い、ともに上京する。長野電灯の花岡社長の紹介で、逓信大臣、そして逓信省電気局長に面会させ、村営電灯の実現がとうてい無理だと確認させたのである。二人は、村へ帰ると、村長を訪ね、村営の実現にはまったく望みがないということを確かめてきたと話し、自分たちは同盟を脱して長野電灯会社の供給を受けると告げた。

これを認めてしまえば、不点火同盟は崩れてしまう。二人に中止を勧告し、次々と電灯委員が訪問しては口説いた。しかし二人は頑として拒絶し、七月三十日にはついに点灯してしまう。さらに彼らの勧誘によって四人が電灯会社と契約し、電灯の設備までされてしまった。

同盟の崩壊が始まったのだ。

ただちに電灯委員が招集され、協議会が開かれた。停留所問題と挙村一致の電灯問題とを混同せず、今後も電灯問題では協力していくということが確認された。だが、裏切り者の処分をどうするかという問題が残った。なかなか結論は出ず、村民大会を開いて決めようということになった。

村民大会からの暴走

七月三十一日の午後、村民大会が開催された。会場の遊園地には三時頃から人が集まりだしたが、突如の大雷雨で、急ぎ会場を常盤座へと変更。みな濡れながら劇場へとなだれ込んでいった。常磐座には四百人あまりの人々が集まった。そろそろ頃合いと、世話役が福沢村長の出席を何度も電話で要請する。ところが村長は、都合がつかないと言い、助役に代理に行くよう命ずる。しかし助役も病気だと言い訳をして、出席しなかった。

なぜ村長や助役が出席を避けたのか、理由はわからない。もし暴発への予感があったのなら、なおのこと出席して手を打つべきだろうと思われるが、あるいはある程度のことは成り行きまかせにやらせ、後で収拾をはかるつもりで、責任をこうむらないよう身を処したのだろうか。よくわからない。

そうしている間に、会場で待つ人々には、ふるまい酒が提供された。会が始まった頃には、すでに酔いが回っている人も多かっただろう。演説の口調も勢いづく。

「日本が支那と戦い、ロシアと戦って、勝利を得たるは何が故であるか」

「一致協力！」

と、叫ぶ声があがる。

「しかり。換言すれば団結力である。では、その団結の盟約を裏切った者には、いかなる社会的制裁を加えるべきか。そう、かつて決議した通りに、遠慮するしかない！」

反論はなかった。電灯を点けた二人を盟約に違背したものと認める決議が、満場の拍手で可決された。

酒気を帯びた人々の「ヤレヤレー」という叫び、拍手、なにやらしれぬ怒号が会場にあふれ、すさまじく殺気立った。そのすさまじさは、主催側の者でさえ逃げだそうとしたほどだった。そこで運悪く、野溝の馬車店の御者が会場にいるのがみつかる。大勢で袋だたきにするのを、司会者がなんとか取り鎮めて、舞台の下から逃がした。騒ぎはいっこうに鎮まりそうにない。

「よし、押しかけよう」

と、絶叫する声。賛同する喚声。七時半頃、会場から人々があふれ出ていった。

群衆は、野溝の店や松崎の旅館のある三つ辻のほうへ押し寄せていった。酔った勢いで、悪罵や嘲笑を投げつけ、ついには投石する者も現われた。雨戸、ガラス、窓障子、火鉢などが破壊された。

赤穂警察分署では非常招集をかけ、私服警官が群衆にまぎれて投石者を逮捕した。電灯委員の中坪が野溝の理髪店に向けて石を投げたところを警官に取り押さえられると、「中坪を取り戻せ」の叫びが起こり、警官と群衆の乱闘となった。「殴る踏む蹴るの大騒ぎ」の末、中井は警察署に引致された。

警察の退散命令に、群衆も少しずつ帰路につきだし、十一時には解散した。

不穏な流言

なんとなく散り散りに解散していったものの、村人の心のざわめきは鎮まっていなかった。自分たちは、村の今後を思い、皆のためを思って、便利を承知の電灯をつけずに我慢している。皆で我慢すると誓い合ったのだ。その努力が、勝手な連中の抜け駆けのために水泡に帰そうとしている。

このままにしておくわけにはいかない。

夜が明けても、その思いが村をざわつかせていた。いたるところで不穏な噂がささやかれた。

「昨晩はずいぶんやかましかったが、電灯を点けている間は、毎晩押しかけるつもりらしい」

「今夜もまた押しかけて、たたき壊してしまうという話だぞ」

「そのために青年や消防を集めるように回状が回ったそうだ」

「今夜は昨夜よりも、もっと猛烈に、叩きつけてしまうということだ」

「そのくらいは当たり前だ。あの規約に賛成しておいて、長野電灯をつけるなんて」

それは噂話というより、「呪詛の声」だった。風聞のような体裁で、自らの思いを吐き出していたのだ。

「村の規約を破って電灯をつけるなぞとは、あまりに生意気だ。村に住んでいて、村の利益を思わないようなものは、電灯を取り外すまで押しかけてやれ」

これが赤穂村の「正義」だった。呪詛は、天の声だった。

そして夜になった。

昨夜の不充足を胸に抱く者、「正義」のために心はやる者、噂を耳にして夕涼みがてらに見物に出てきた者、三々五々に街路へと歩みでてきた人々は、やがて昨夜と同じところで騒々しい群衆をなした。

警察は、緊迫した事態に気づいていなかった。昨夜は皆が退散命令に従ったこともあって、甘く見ていたのかもしれない。分署長は翌日に西駒ヶ岳に登山するつもりで、その準備にかかっていた。

福沢村長はこの日、電灯委員を招集して、昨夜逮捕された中坪を救済する方策を練り、このような犠牲者の出た場合に備えて救済互助の会を組織することを決めた。夜八時には協議会を開いて、その会を村営電気期成同盟会と命名し、会則の決定、役員選挙を行っていた。

その会議中に、時ならぬ鐘の音が四回、響き渡る。安楽寺の梵鐘である。非常事態を告げるかのように陰気で凄みのある音色だった。出席者の一人が自宅に電話して問い合わせると、昨夜以上の群衆が集まり、投石している者もいるという。しかし不安をおさえて会議は続けられた。

すでに心の昂ぶっていた群衆には、梵鐘の音は、「やれ！」という天からの声のように響いた。

また家の中にいた人々も、時ならぬ鐘の音に、街路へとおびきだされた。

このとき誰が梵鐘を撞いたのかは、後の捜査や取り調べでも、ついにわからなかったという。

警官隊との対決

異変に気づいた警察では、野溝の理髪店「大正軒」前の三つ辻に建てられた街灯を、百燭光（燭光は、蠟燭一本分に由来する光度の単位で、カンデラとほぼ等しい）の電球に替えさせた。闇に乗じて匿名の暴力をふるう群衆を、明るい光で照らし出すことで散らし、武力で抑えることなく徐々に解散させようという考えだった。

案の定、群衆は明るい光を避けて、西側にある小間物屋や綿屋の軒下に集まった。

一方で警官隊は、街灯の光が皓々と照らしだしている宮本楼の前に並び、群衆と対峙した。

警官隊は、サーベルをがちゃつかせながら一歩、また一歩と前進してくる。群衆を郵便局の北まで退かせてから解散を命じるつもりらしい。すでに五百人をこえている群衆は、もの暗い軒下にひそんで、姿を光にさらさないようにしている。

沈黙の対峙が続いた。

やがて群衆のなかの二、三人が警官の白服めがけて石を投げる。とたん、群衆めがけてバラバラと石が飛んできた。

警官側からの投石は、反感と憎悪をくすぶらせつつ耐えていた群衆の、張りつめていた糸をぷつりと切った。興奮して警官隊に向かって雨のように石を投げつけながら進んでいく。警官隊はじりじり後退していく。群衆は、さらに追い詰めていく。

そのうち、誰かの投げた木片が百燭光の電球に命中した。一瞬にして辻が暗闇に包まれる。この機を逃すまいと、群衆は喚声をあげて一気に突進する。今こそ鬱憤を晴らさんと堰を切った勢いで大正軒に殺到した。

勢いのすさまじさに、警官隊はとうとう署内に引っ込んでしまった。

大正軒では、手当たり次第に器物が破壊された。「喊声《かんせい》を挙げて暗夜に狂奔する猛獣のそれのごとく、屋内は全く破壊され」た。

次に、手ぬぐいを頬被りした男が馬車店に飛び込み、乗合馬車を一台、路上に引き出してくると、それをひっくり返して、破壊した。数十人がこれに続き、三台の馬車を次々と引き出してきて、ことごとく破壊した。

さらに屋内をも手当たり次第に壊しているうち、警察署内から呼び子の笛が鋭く鳴り響いた。見れば、松野分署長を先頭に、警官たちが抜剣して飛び出してくる。警察署前の街灯にまぶしく反射するサーベルを振りかざして、突進してくる。群衆は驚きと恐怖にかられ、蜘蛛の子を散らすように匹散《ひっさん》した。横倒しになった馬車のおかげで警官隊の突撃が邪魔され、そのすきに群衆は逃げ、隠れた。

逃げ遅れた者たちは、捕えられ、殴る蹴るの暴行を加えられた。軒下にひそんでいた群衆は、それを助けようと、夜目にも判然とする白服の警官に向かって投石した。あられのような投石の激しさに、警官隊は引き揚げていく。しかし、そのとき、たまたま郵便局前に立っていた古平勘七が、警官のサーベルに胸を刺された。

「斬られた！」

騒々しいなかにもひときわ響き渡った大声に、それまで闇に姿を隠していた人々が我を忘れて集まってきた。血を見て人々の興奮は一気に昂まる。激しい憎悪にぎらつく目が一斉に警官隊に向けられた。

警官隊は事態に驚き、署内に閉じこもる。群衆の数はすでに千人を超えていた。殺気立って警察署に投石し、窓ガラスをことごとく割って、警官を署内から一歩も外へ出させなかった。

破壊し尽くし焼き尽くす

群衆は野溝の馬車店を破壊し尽くすと、前進し、松崎の旅館を襲って破壊した。町々の警鐘、そして安楽寺の梵鐘が早鐘で乱打される。興奮し熱狂した群衆は、とうに暴徒と化している。近在から警鐘を聞いて出動してきた消防組員や何事かと駆けつけてきた人々で、群衆の数はさらに増えてゆく。

長野電灯会社と契約し、電灯の設備がされていた四軒の家も、木や石を投げつけて破壊した。家の者たちはすでに避難していたが、その不在に乗じて、侵入し、手当たり次第に壊し尽くした。夏蚕の真っ最中だった蚕棚も、叩きつぶした。

群衆の攻撃はいよいよ、この事態を招いた張本人である笹子重太郎の家へと向かう。

門扉への投石に始まって、邸内へ侵入、家屋、家財を破壊する。

そして、ついに放火。

白煙が登ったと見るや、メラメラと火の手が上がる。

この頃、松野分署長からの救援を要請する電話にこたえ、伊那警察署の警部補率いる巡査十名がやってくる。しかし石を投げられ、やはり署内に逃げ込むだけだった。

「猛火は闇に煌めき四囲する群衆の面を照せば、群衆の顔は、宛然赤鬼のごとき感あり」

笹子の家を焼き討ちして、人々の気は晴れた。

しかし、ドラマとしては、ここからが本番となる。

拷問による自白

村人はひっそりと家にこもり、村には警官ばかりが充満した。サーベルの音をがちゃつかせ、聞き込み調査が行われる。検事や予審判事も取り調べや家宅捜査を始めた。闇の中で誰が何をしたのか、確かなことは誰もよくわからない。被害者のほとんどは群衆の押し寄せる前に避難していたので、やはり事情はほとんど知らないはずだ。それでも、次々と襲撃者や放火犯の名前があがる。

警察や司法の側では、これを計画的な襲撃だと決めつけていた。襲撃の実行者や首謀者などを割り出すため、取り調べでは激しい拷問が行われた。おそらく警官たちの復讐心によることでもあっただろう。また日比谷焼き討ち事件や大逆事件、この年に起こった議事堂前の騒擾事件の影響も、警察の対応を厳しいものにしていたはずだ。取り調べが行われていた安楽寺からあがった悲鳴が、近隣に響き渡ったという。二百余名が取り調べを受けた。

松野分署長は、警官が抜剣した事実はないと主張し、警官がサーベルで古平勘七を刺したことを否定した。後には新聞記者たちを前に、防衛のためやむをえず抜剣して取り囲む群衆中に道を拓きつつ退却していたところ、気づかぬ隙に古平がふいに向きをかえて剣に触れたのだと言い訳した。相手がたまたま剣にあたってきたというのだ。実際には巡査らは群衆に取り囲まれてなどいなかった。でたらめな言い訳に、村民の憎しみはますます深まる。

当時の新聞の一説では、分署長は村営が不認可になったことにも関わっていたという。巡査が電灯の勧誘に回っていたのだから、事実かもしれない。そのとき長野電灯には、もと伊那警察署長が二人も天下っていた。県警でもさすがにまずいと察したか、事件から二十日後、予審で被告とされた者たちが長野監獄へ送られた翌日に、松野分署長を休職とし、赤穂分署の全員を更迭した。

しかし、その署員らが拷問して「自白」させた調書を元に裁判が進むのだから、先行きの波乱は見えていた。

偽証ばかりの裁判

被告とされたのは五十六名、うち二十五名は騒擾および放火罪に問われた。一軒の家の放火事件の被告が二十五人という前代未聞の裁判である。

法廷では、今村力三郎や布施辰治《ふせたつじ》ら、今日では伝説的な弁護士たちが弁護団を組んだ。今村は「足尾銅山鉱毒事件」「日露講和反対騒擾事件（日比谷焼打事件）」「大逆事件」「シーメンス事件」「血盟団事件」「五・一五事件」「神兵隊事件」「帝人事件」など、数多くの政治的な大事件で弁護を担当したことで知られる。『夢痕集』に寄せた序文で今村は、村民の襲撃が罪であることは当然ながら、長野電灯の財力と国家権力とが結びついて村民の要求を一蹴したことに事件の遠因があるとして、その罪のほうがいっそう重いと主張している。そして裁判がいかにひどい、おかしなものであったかを具体的に記して、検事や判事らを批判している。

下村が『夢痕集』をまとめたのも、この裁判の無法さを記録して残すためだった。

今村も下村も、村民の暴挙そのものが罪であることは認めている。ただ、それは計画されたものでなく、群集心理の暴走であったと主張している。

しかし笹子は、襲撃が事前に準備されていたものだと印象づけるような証言をした。日頃から「嘘つき表太」とあだ名されていた虚言癖のある男も、笹子に買収されて、笹子証言を裏付けるような証言をし、それが事件の骨子とみなされてしまう。後に男は説得されてそれが偽証だったことを告白するが、再び買収されたのか脅されたのか、また元の証言が本当だったと言い出す。それだけでも証言の信憑性を疑うべきだろうが、検事の一人は、偽証したという告白のほうを被告関係者に脅されての偽証だったと決めつけた。その検事は、笹子に適切な偽証の仕方をアドバイスしているのを、弁護団に聴かれたりもしている。

数々の矛盾のある偽証がまかり通り、被告人に有利な証言はほとんど無視された。拘留されている被告人の弁当箱に謎の針文字がみつかったと騒がれるなど、被告人たちに謀議があるかのように印象づける怪しい工作も行われた。偽証や工作の連続に裁判は長引き、ついに弁護団は弁論を放棄してしまう。これ以上続けても被告人たちの苦痛が長引くだけだと判断し、ここはあきらめて二審の準備にかかったのである。

映画や小説ならこの裁判を中心にして複雑な人間ドラマを描くところだろうが、今はここまでにしよう。最終的に、第一審では村長の福沢ら二十一名が騒擾罪、三十四名が騒擾及び放火罪、窃盗が一名、ほかに偽証および偽証教唆で五名が有罪とされた。福沢ら六名は禁固刑（一年〜二年六ヶ月）、三十四名が二ヶ月から十二年までの懲役刑、あとは罰金刑である（人数は判決書によった。『夢痕集』の一覧には人名の抜けがあるようだ）。

弁護団が対策を練って臨んだ第二審の判決では、控訴した五十二名のうち、福沢村長ら四人は無罪となったが、八名は控訴を棄却され、三十一名が刑をやや軽減されただけに終わった。納得できず、ただちに大審院に上告するが、罰金の者は刑に服すことにして上告を取り下げ、懲役刑の二十六名のみの上告となった。しかし棄却される。大正五（一九一六）年二月には、三名を除いて、大正天皇即位大典による特赦となる。

さらに続いた交渉

村長はじめ多くの村民が被告となったこの事件によって、赤穂村の村政は麻痺状態となった。大正三年九月に新たに村長となった福沢泰江は、当時の村の様子を「村民の感情紛糾錯綜して容易に融和を見ず、村治の難実に極まれり」と記している（大正五年六月の覚書。『長野県史近代史料編第二巻（三）』）。福沢泰江は、この村の状態を立て直すためには、一日も早く電灯村営問題を解決せねばならないと、なお長野電灯との交渉を重ね、大正四年三月四日、花岡社長との直談判によって、ついに権利の譲渡を認めさせる。それは奇しくも、騒擾事件の二審判決が下された日であった。

経営権は二万円で赤穂村に譲られることになった。

しかし、この仮契約には裏があった。赤穂村の村会で予算審議が進められている間に、長野電灯では伊那支社の電気事業をすべて伊那電車軌道会社に売り渡す交渉を進めていたのである。大正四年七月、長野電灯伊那支社の電気事業一切が伊那電車軌道会社に買収され、赤穂村の交渉は振り出しに戻ってしまった。ちなみに伊那電の社長、伊原五郎兵衛も政友会に属していた。

村長は伊那電と交渉を重ねた。しかしその間に起こった第一次世界大戦の影響で建設材料の価格が暴騰し、もはや村では起業の資金を負担しきれなくなっていた。やむをえず長野電灯と交わした権利譲渡の仮契約については七年間留保することにして、伊那電から電気供給を受ける契約を結ぶ。そうして大正六年七月十四日、赤穂村の町部についに電灯が点った。以後、村内に工事が進んでいく。

昭和のはじめの赤穂本町通り。電線が通っている
（下村雅司『赤穂』より）

それでも、この時点ではまだ村営の希望は捨てられていなかった。発電はあきらめたものの、伊那電からの供給電力を村内に配電する事業の村営を目指したのである。しかし伊那電は、鉄道事業の赤字を電気供給事業で埋め合わせる経営方針をとっていたので、赤穂村からの譲渡の要求にはまったく応じようとしなかった。

いかんともしがたく、大正十三年十一月、赤穂村は、かつて長野電灯と結んだ仮契約を解消した。その代償として伊那電は赤穂村に五万円を支払うが、伊那電が赤穂村内に事務所を建設する際に赤穂村が二万五千円を伊那電に寄付するという契約だった。

こうして赤穂村の村営電気事業の計画は完全に潰えた。

赤穂村民とは誰か

赤穂村の騒擾事件は計画的な事件ではなかったが、あうんの呼吸はあったと言えるだろう。事件の日にささやかれた、夜に起こる襲撃についての風説は、主体のない集団の意志のようなものだ。

その意志は、明らかに闘う相手を間違えていた。目の前の敵ではあったにしても、その攻撃はただの憂さ晴らしにしかならない。村八分から、打ち壊し、焼き討ちにまでいたった事件に、あまり共感はできそうにない。「一致団結」は、戦時体制を底辺で支えた「欲しがりません、勝つまでは」などに似てもいる。自分の頑張りや我慢が「正義」になり、それを共有しない者への攻撃や排除となる。それはそれで不快な世界だ。

一方で、政治権力と企業とが結んで村のための事業を阻み、警察も司法もその癒着に加わっているかのようにふるまう社会の暗さのなかに無力に立たされ裁かれた人々の悶えるような思いには、同情しないわけにいかない。今も、その暗さはあまり変わっていないように思えるからだ。

だから赤穂村の事件に対しては、批判的にも肯定的にもなれない。「一致団結」しないで対抗する方法がありえたかどうかも、わからない。「一致団結」が破れたとき、攻撃は、団結を破った者にでなく、破らせた者に向かうべきだと、言うのはたやすい。しかし、実際には何ができただろうか。

このアンビバレントな思いこそ、この事件が現代になお切実に問いかけているもののように思う。電力問題に限らず、政府や大企業のやり方に怒りを覚えても、どう立ち向かえばいいのかわからないままに、自立の力を失いつつある地方、中小企業、そして私たちの多くは、みな赤穂村の村民ではないだろうか。私たちもまた、しばしば攻撃する相手を間違えてはいないだろうか。赤穂村の村民は、いったいどうすればよかったのだろうか。

今後の電力の仕組みをどのようにすべきかという問題も、この問いの上にあるのだと思う。

地方自治の運動

福沢泰江村長は、騒擾事件を「大きな教訓とし、町村自治の強化を生涯の課題とし」、「一九一五年、村長就任の直後、小冊子『村治のしらせ』を発行し、「今の政治は知らしむべし、又依らしむべしでなくてはならぬ」と村民参加の村政をうたい、電灯問題の村営化推進など、重要課題を村民に知らせてコンセンサスづくりにつとめたという（上條宏之『民衆的近代の軌跡　地域民衆史ノート2』）。大正九年には、全国町村長会、長野県町村長会の結成に尽力したが、それは「市町村に対する国や県の委任事務や監督支配を弱め、町村財政の強化をはかる」ことが目的だった。長野町村長会の機関誌では、郡制廃止や知事公選論を主張したという。また「一村の治績は村民の自治政治に対する理解と道徳との相乗積」であるという考えから、教育を重視し、大正六年に村立公民実業学校を創立した。全国で初めて「公民」と冠した学校だったという。

福沢泰江にとって村営電気事業は、自治体を経営体化しようともくろんでの計画ではなく、自治を実質的に確立するためのものだった。「電気は誰のものか」という問いは、地方自治はどうあるべきかという問いにもつながっている。

隣村で実現された理想

大正八年、今は赤穂村と同じ駒ヶ根市となっている隣村の旧中沢村で、村営による電気供給が始まった。村内で水力発電し、村の全戸に電気を供給して、民営よりも料金は安く、そして事業は利益を生んだ。昭和十三年には村の税収が一万七千円のところに電気事業からの村費繰越金が五千百円に達したという。

中沢村が村営電気事業を決議したのは、赤穂村の騒擾事件の直後である。赤穂村で望まれたことが、すぐ隣の村では理想的に実現したのだ。赤穂村の人々は、このことをどのような思いで聞いただろうか。

とはいえ中沢村でも容易に村営が実現したわけではなかった。大正二年に伊那電から中沢村を供給区域にしたいと伝えてきたとき、中沢村の村会では、もし伊那電に任せたら効率のいい利益のあがるところから点灯し、全村が一様に点灯するということはできないから、「このさい村営電気事業をおこし、村内一様に電灯の恩恵に浴する措置」をとる必要があると決議したという。しかし、それから事業が認可されるまでに五年を要した。県や逓信省が起債を認めなかったため、村民から寄付金を集めたり、村の基本財産を繰り入れるなどして、資金を作る必要もあった。多くの村有林を保有する村だったことが、それを可能にしたのである（中部電力飯田支社『伊那谷　電気の夜明け』）。

十七年間も戦い続けた村

中沢村は「ちょうちんのいらない明るい村」と言われたそうだ。たいして同じく長野県の上《かみ》郷《さと》村は「闇郷村《やみさと》」と呼ばれたという。村営をめざし、電力会社の電灯をつけなかったからだ。

大正五年九月、伊那電が上郷村に、村内点灯需要者数の調査を依頼してきた。電灯を待ち望んでいた村では、すぐに希望数をとりまとめて伊那電に報告する。ところが伊那電は、まず幹線を引き、そこから引き込めるところにはすぐに点灯するが、支線を必要とするところにはおいおい工事をしていくことになるので、村全体が同時に点灯ということは無理だし、数ヶ月以内にというわけにもいかないと伝えてきた。それでは村としては受け容れるわけにはいかないと、会議を重ね、ならば村営でやろうと決議する。

しかし上郷村は、すでに伊那電の供給区域となっていた。村はその解除を求めて交渉を始める。先に記したように伊那電は、鉄道事業の経営が厳しく、その分を電気事業で補おうと考えていたから、上郷村の要求を容れるつもりはまったくない。それでも上郷村は村営の意志を貫き、運動を続けた。飯田電灯から供給を受けていた別府区川底部落の三八戸では、同じ村民としてこの問題を傍観はできないと、飯田電灯との契約を解約し、廃灯した。もっとも、もともと川底部落が飯田電灯から給電受けたのは、伊那電による村の切り崩し工作によることだった。だから飯田電灯が村には知らせず配電工事を強行した直後に、伊那電がその設備一切を買い取っている。しかも電灯料はそのまま飯田電灯に与えるという、ありえない条件であった。村全体を手中にするための投資と思えば高くはなかったのだろう。それで川底部落の人々は、そのまま点灯し続けるにしのびなかったのだろうが、廃灯せざるをえないような圧力も村内で受けていたのかもしれない。

七年がたち、県知事が仲裁案をだしてきたが、村民は知事が伊那電擁護の立場にあると反発し、二百五十八名からなる県知事への陳情団を送り出したりもした。

しかし大正十二年になっても、いっこうに進捗をみない。もはや万策尽きたという思いから、青年会は「今や最後の手段に出なければならない時が到来した」として、次のような決議をする。

一、村営電灯に非ざれば他の電灯は断じて点灯せず。

一、県税並びに中学校の寄付金は村電の点灯まで滞納する様村民を勧誘する。

一、村民の団結を損なう者ある時は許されたる範囲に於いて最も有効なる制裁を加う。

一、其他目的の為に有利と認むる事を逐次断行する。

この主張の過激さに電灯委員六名が辞表を提出する騒ぎになった。このままでは赤穂村のような騒擾に発展しかねないと懸念したのかもしれない。この事態に危機感を覚えたものか、翌年の二月、両者が歩み寄っての協定が結ばれる。そして九月十日には伊那電の供給により全村一斉に点灯された。

といっても、村営をあきらめたわけではなかった。五年後には村営にすべく設備一切が譲渡されるという契約だった。ところが約束の昭和四（一九二九）年になると、今度は買収価格で折り合わず、さらに二年余りの交渉が続く。会社側の評価額は三十万六千二百五十円。村側では六万三千円。あまりにも大きな差額だった。結局、知事裁定によって十一万七千六百円という決着をみる。ただし、引き続き十年以上の電力需給契約をし、最初の十年は村が電力費一〇〇キロワットにつき一万一千円の割で伊那電に支払うという条件がついていた。

昭和七年三月に仮調印が行われ、翌年の十一月一日、ついに村営事業が始まる。伊那電から受電しての村内への配電が村営で行われるようになったのである。

大阪電灯の電圧詐欺事件

公営をめざす自治体と企業との利権争奪戦は、様々な形をとって、全国でいくつも起こった。大阪市でも、長年にわたって大阪電灯会社を市が買収しようとしての攻防が繰り広げられている。

明治三十九年、大阪市会は電気供給を市営とする決議をし、大阪電灯株式会社と報償契約を締結する。市では電灯事業を営まず会社に独占を認め、敷地などの使用料も免除するが、報償金を納付すること、電灯料金の値上げには市の承認を要すること、そして明治四十年より満十五年後に市の希望があれば買収に応ずること、という契約だった。以後、買収しようとする大阪市とそれを避けたい大阪電灯との間では、たびたび緊張が生じた。

それが市民にとっても大きな問題と意識されたのは、大正六年の事件からのようだ。

その年、石炭価格が暴騰したため、大阪電灯は料金を値上げしようとした。しかし大阪市では値上げを認めなかった。すると会社側は、故意に配電する電圧を下げるという報復作戦に出たのである。

十六燭光の契約が、八燭光にも満たない暗さになった。市民から苦情がわき起こる。大阪時事新報社は連日、大阪電灯を攻撃する記事を掲載した。しかし会社は知らん顔を決め込んでいた。その頃は電圧を計測する装置など巷にはなかったから、とぼけてすませたのである。

だが一部の科学者から、大和の電気会社には電圧測定器があるから借りるとよいとアドバイスされ、新報社はそれを借り出して、市内二十カ所の電圧調査を行った。町内の有力者や警官立ち会いの下で行った計測の結果は、二十カ所すべて八燭光以下にしかならない電圧だった。このことが明らかになるや、他の新聞社も筆をそろえて一斉に攻撃を始める。

それでも電灯会社側は、そんなに攻撃するなら勝手にしろ、そのかわり電気の供給を停めるぞ、と脅したという。新聞社としては、電気を止められては、輪転機を動かせず、致命的な打撃となる。

大阪朝日新聞社の村山龍平社長は、このような横暴に屈してはならずと、社の隣にあった氷会社の倉庫を借り受け、そこに自社用の発電機を据え付けることにした。まず煙突を築く工事が始まった。

おりしもそのとき天満の理髪店主が弁護士に依頼して、大阪電灯を詐欺罪で告訴し、料金払い戻しの訴訟を起こす。もし、これからも新聞が持久戦で批判的な世論を喚起し続けるなら、どうしても電灯会社は裁判で不利になるだろう。裁判で敗れたら、すべての需要家に払い戻しをせねばならなくなる。大阪電灯は降参した。新聞に謝罪の全面広告を出し、詫びの印として市内に三百灯の街灯を寄付したのである（この顛末については、おもに篠崎昌美『大阪文化の夜明け』に拠った）。

この事件が、大阪市による大電買収への機運を高めたらしい。じつは大正二年にも買収が決まりかけたことがあったのだが、そのときは市会で否定されて流れている。将来の採算に疑問が持たれたせいだった。市営化の価値が、事業利益を中心に考えられていたということだろう。だが今度は、大阪電灯への悪印象が後押しをした。一民間企業が電気供給を独占していると、このような詐欺行為を行いながら堂々と開き直り、それを責められても逆に恫喝するような真似さえできるのだということに、皆が気づいてしまったのだ。

それでも買収は容易ではなかった。報償契約の期限である大正十一年には、市が電灯料金の値下げを要求するなど会社にプレッシャーをかけることで売却を余儀なくさせたが、それでもなお買収価格で決裂し、裁判となった。

市会は莫大な訴訟費用の支出を決議し、市長は大電買収期成同盟会を組織して、会社を糾弾する座談会をさかんに開いた。「財閥勝つか、市民敗るるか、黄金勝つか、正義敗るるか」と書いた五色の宣伝ビラをまいたりもしたという。こうして盛り上げた輿論を背景に、大正十二年六月、買収は成立した。

大阪の場合は、市のほうがしたたかに電灯会社を攻めていったようにも見える。そして公約通り、庶民電球と名づけた十六燭光で五十銭という、全国で最も安価な電灯料金を実現したのだった（大阪市電気局編『電灯市営の十年』、大阪市電気局編『大阪市電気供給事業史』、大阪市『大阪市政70年の歩み』)。

実現した理想の終わり

このように、ときにはさまざまな画策、争い、交渉を経て公営電気事業は増えていった。電気が広く普及し、暮らしになくてはならぬものと思われるようになったことで、電気の公共性を誰もが認めるようになった。だが大阪電灯のように早くから営業してきた民間企業からすれば、まだ人々が電気の価値を認めなかった創業期以来の苦労や工夫の末に、ようやくそのような時代が訪れたのだ。そこで公益のためだと事業をさらわれてしまうことに抵抗するのは当然でもあった。その抵抗が売却価格に込められていたのかもしれない。市や県による民間電気事業の買収は各地で対立を招いている。

それでも昭和十年には公営電気は百二十三事業にまで達した。戦時体制へと向かわなければ、その後も増え続けたかもしれない。だが、その頃には電力事業を国営化しようという議論が高まり、昭和十七年には戦時体制のため発送電も配電も国家が統制することになり、発電と送電は日本発送電一社に、配電は地域ごとの配電会社九社に統合されてしまう。公営電気事業もみな併合されてしまった。十七年も交渉を続けて勝ち取った上郷村の村営事業も、わずか九年間の営業の後、中部配電へと統合されてしまった。

そうして「電気は誰のものか」という問いなどありえない世界になってしまった。それは実質的な自治をめざす運動の消滅でもあった。

第二章　初点灯という事件

一　京都の夜の太陽

電気についての事件のうちで最も明るい出来事は、「初めて電灯がついた」ことだろう。今も電灯を点灯することを「電気をつける」と言うように、電気といえばまず電灯のことだった。電気事業の原点でもある。

日本で初めて街灯の試験点灯が一般公開で行われたのは、明治十五（一八八二）年十一月一日。銀座の大倉組本社前でのことだった。二千燭光のアーク灯の明るさは、「あたかも白昼のごとし」と評され、錦絵にも描かれた。火花放電のまぶしい輝きは、炎による灯火にはない強い印象を与えたようだ。

アーク灯の輝きに目を射られた人々のなかに、東京に出張中の北垣国道《きたがきくにみち》京都府知事もいた。出張の目的は、琵琶湖の水を京都に落として淀川との水運を結ぶという琵琶湖疏水工事の認可の請願だった。天皇が東京へ遷ってしまい、人口も激減した京都には、過去の都となって寂れてしまうのではないかという危機感が募っており、北垣は京都の近代化を積極的に押し進めることでその危機を乗り越えようとしていた。アーク灯にも、将来の京都にあるべき輝きを見たのだろう。疏水を発電に利用しようと考え、京都に帰ると、ただちに疏水常務員二名に命じて、東京へ電灯の見学に行かせる。

見学から戻った二人は、祇園中村楼に連合区会議員（当時の市会議員）、府会議員、商工会議所議員を招き、電灯について説明した。すると「アークライトが、そのように大きく、昼のような明りがするものであるなら、一つ将軍塚に一番大きいのを点灯して、京都の市中に灯火の要らぬようにしてはどうか」という議論が起こったという（『京都電灯株式会社五十年史』）。円山公園の背後の山上にある将軍塚からは京都市街が一望できる。そこに一つの強力なアーク灯を備え、京都市街全体を照らそうという壮大なアイデアである。それで市中の灯火を不要にしようというのだから、今では荒唐無稽にも感じられるが、あたかも白昼のごとき明るさだと聞けば、一市街をまるごと照らす夜の太陽にしようと考えてもおかしくはない。

ヴォルフガング・シヴェルブシュ『闇をひらく光』によれば、アーク灯をこのように使おうとするアイデアは、当時のヨーロッパでも盛んに語られていたそうだ。それどころか、デトロイトなどアメリカのいくつかの都市では、高さ五〇メートルから百メートルの照明塔を並べて市街を照らす「光の塔システム」が実現されていたという。そしてパリでは、一八八九年に開催される万国博覧会のために、建築家ジュール・ブルデが「太陽の塔」の建設を計画している。それは高さ三六〇メートルの塔の頂上から強力なアーク灯でパリの街を隈無く照らすというもので、「街路や広場を照らすのではなく、都市を一灯で照らしてしまおうとした」のだという。このアイデアは、最終選考で競合案のエッフェル塔に敗れ、実現はしなかった。敗因は、費用がかかりすぎることと、危険とみなされたためだったという。

山上から照らす京都の案は、巨大な塔を必要としない分だけブルデの塔よりも実現はしやすかったかもしれない。しかし現実的な計画には進まなかった。

電灯は当初、夜の街をあまねく照らす太陽の代わりになるという想像を生んだ。このようなイメージは、それまでの照明にはないものだった。行灯やランプ、ガス灯では、一灯で市中をあまねく照らすなどとは想像もしないだろう。

昭和十二（一九三七）年に創業三十周年を迎えた新潟県の中央電気会社が出した「電気の手引」に「電気礼賛の歌」が掲載されたが、その一番の歌詞は次のようなものだった（『東北の電気物語』）。

よるのお日さま電気灯
　わたしのお部屋をあかくした
わたしの町をあかくした
　にっぽんじゅうをあかくした

太陽の光は誰にも公平に降り注ぐ。その太陽のイメージが、電気は誰もが平等に享受できるべきものという観念につながっているのかもしれない。「電気は誰のものか」という問いは、その光を何者かが利権として占有することへの違和感に根ざしている。

初点灯の喜び

身近に普及した白熱電灯はアーク灯のような強い光ではないが、それでも電灯が初めてつくということは、それぞれの地域、それぞれの人にとっての大事件だった。

私の生国は奥丹の中部五十河《いかが》村字久住《くすみ》という村で、明治四〇年頃に電燈が新設されたとおぼえています。その時、関係のある町村は全員総出で電柱の提供、切り出し工事に必要な人夫の提供など皆んなよく働きました。

工事が終り点灯された時は、村中お祭り騒ぎで、他村からわざわざ電燈を見に来るという有様でした。針金に火がつくという電燈のしくみが不思議議で、あまり電燈が明るいせいもあって各戸とも夜遊んでいるのはもったいないという気持から夜なべ仕事をしたものでした（河嶋慶次「不思議な電灯」電気を守る会『電灯100年　見えざる天使たちの歩み』〈以下『電灯100年』と略す〉所収）。

初点灯の夜がお祭り騒ぎになる光景は、全国各地で見られたようだ。大正二（一九一三）年に佐渡島で佐渡水力電気株式会社の梅津発電所が竣工し初点灯したときも「近隣の町村の人々までもが、わざわざわらじがけで見物に来るという、上を下への大さわぎ」になったという（佐渡電友会『佐渡の電気』）。

初点灯の日の喜びをずっと鮮明に覚えているという人も少なくなかった。

大正十三（一九二四）年に電気が通った長野県の大岡村のある住人は初点灯の夜、「電気の下にみんなが集まって、電気の明るさをしみじみ味わいました。この時の感激は、私の八十八年をふり返って忘れられない出来ごとです」と記している（熊井邦隆「村に電灯が入った頃」中部電力株式会社長野営業所『長野に電灯が点いて八十年』所収）。

また何年のことか不詳だが、長野県の御岳山《おんたけさん》のふもとの村のさらに奥地の部落に家があったという人は、子供の頃の体験を次のように語っている。

もうびっくりして目をふさいでしまいました。しばらくしておちついてからほかの部屋を見ると、いままでのランプの光はほんのり赤く問題にならないほど暗いのでした。おじさんたちのつるした電灯（その当時はそんな言葉は知りませんでしたが）は昼間のように明るいのです。驚きました。私は子どもの頃の思い出の中でもこの日のことがいちばん印象に強く残っています。

この人の家は近所に先駆けて点灯したようで、近所からも見物しにやってきたという。

私はとても得意になって分校の友だちにも見にくるようにすすめました。そして毎日陽が暮れるのが待ち遠しいほどでした。あたりが暗くなると家の座敷だけがパッと急に明るくなるんですから（木村喜久雄「ある日の校長講話から」『同前』所収）。

子供心の印象に、電灯の光はよほど明るく見えたようだ。先駆けて点灯したことで、いっそう格別な明るさに感じられたのかもしれない。

群馬県前橋市の外れ、元総社《もとそうじゃ》に生まれた詩人の伊藤信吉も、小学三年生か四年生の頃（大正四、五年）の初点灯の思い出を次のように記している。

一戸に十燭光一灯。村に電灯《でんき》がついたのはいつだったろう。その一灯がついた日の晩方、私は仲よしのきいちゃんちへ走って行って点灯を確かめ、きいちゃんは私の家へ走って来て点灯を確かめた。そのあと、二人いっしょにお互いの家へ行ったり来たりした。そんなにもうれしかった（『風色の望郷歌』）。

ただし伊藤は「それよりも私が目を見はったのは、電灯が入る前に、伊藤本家がガス灯をともしたことである。ガス灯の光は青白く水のようにうるおいがあった」とも記しており、電灯の明るさに感動していたわけではなかったようだ。「十燭光の薄暗い光」とも書いている。おそらくは近代的な照明が家についたということがうれしかったのだろう。それは初めて自宅に電灯がともったときに躍って喜んだ多くの子供たちの胸に宿った思いでもあったようである。

昭和十一年に電力業界に入り、戦後に北海道電力の社長、会長、相談役などを務めた四ツ《よっ》柳《やなぎ》高茂《こうも》は、次のように幼い頃の思い出を綴っている。

私は、喜んで座敷の中を走り廻ったことが、80年を経た今も脳裏に焼き付いている。火屋磨きをしないで済むことよりも、石油の臭いが無いことよりも、スイッチ一つで部屋中が明るくなる。文明の光が、我が家に届いた。と言うことが、子供心にどれ程嬉しかったものか。この時が電気を身近に感じた初めであった。

次の日も、次の日も、電気がつけば、座敷の中を、飛び跳ねながら、走り廻ったものだ。（殆どの家は定額電燈契約であった）（北海道電力電気事業関係史料保存委員会編『足跡北のあかり今に伝えて　体験談集1』）。

電気の光がともったことには、近代文明が日々の生活に入ってきたという喜びがあったのである。四ツ柳が育った函館では明治二十九年に電気が通っていたが、四ツ柳の家は町外れにあったため大正時代になってから電灯がついた。近くの町より遅れてついただけに、喜びも大きかったのかもしれない。電灯が「文明の光」だというなら、「電気のない村」は「文明の遅れた村」とイメージされることになるからだ。

四ツ柳が北海道電力の副社長だったとき、泊原子力発電所の計画が始まり、社長のときに稼働が始まった。きっと「文明の光」を北海道にもたらす仕事だという使命感と誇りを胸に抱いていたのではなかろうか。

四ツ柳が、電灯を「スイッチ一つで」操作できることをあげて「文明の光」としていることも見逃せない。容易にオンオフできるということが「文明」を感じさせたのだ。「スイッチ一つ」で何でもできる世界は、近代に夢見られた未来社会像の典型である。それは「文明」の向かうべき姿として、人々の欲望を刺激してきた。さまざまな技術開発が、そのヴィジョンにしたがって進められてきた。その最初の一歩が電灯だったのである。

「電気がない」ということ

電気が広く普及した後では、電気の通じていない地域はそのことをコンプレックスとするようになる。これもそれまでの灯火にはあまりなかったことだろう。

大阪府豊能《とよの》郡の止々呂美《とどろみ》村（現在の箕面《みのお》市北部）では、明治十五、六年に初めて石油ランプをつけた家があった。小上啇諄《おかみちょうじゅん》『大阪府豊能郡止々呂美村誌』によれば、そのとき村民が代わる代わる夜ごとに見学に行っては、「その光度の強さに目を見張」ったという。しかし、それをよいものとは思わず、「贅沢視し且つ危険視し」た。そして多くの家では、なお松脂を灯火とし続けたという。明るさは贅沢だった。細かな縫い物をするときなど、どうしても必要なときには行灯をつけたが、それでも灯心を二本にするような贅沢はほとんどしなかったという。

だが何年かするうちに、ランプは重宝なものと見なされるようになっていった。そして「カンテラ（一名小灯《ことぼ》し）より二分芯、三分芯、五分芯、八分芯という風に漸く光度の強さを歓ぶやうになり、終に大都市の夜景を映す電灯の眩しい光りに憧がれる有様とはなつた」。ランプが、生活空間に求める明るさの基準を少しずつ変え、同時に明るさへの欲望を作り出したのである。だが、それはまだ「憧れ」にすぎなかった。

ところが大正時代になると、「隣村の家々が青白き電灯の瞬きによって明るい夢を結びつつ文化の歓喜にひたるやうになつた。然るに独り本村のみは電力配給区域の外に捨てられてどの電灯社会《ママ（会社か）》からも恵まれない」という状態になる。村人は電灯のある隣村を羨んだ。そして「羨望は終に同八九年の頃に至って憤慨心と化」したという。

隣村に電灯が登場するや、「憧れ」は「羨望」に、そして「憤慨心」へと高まったのである。電灯は「文化の歓喜」をもたらすものとみなされたからだ。

そこで止々呂美村では電気事業の村営が計画された。しかし費用の大きさを恐れる意見も強く、ついに議論がまとまらなかったため、大正十年六月に猪名川《いながわ》水力電気株式会社に給電を要請する。この会社はまもなく阪神急行電鉄株式会社に買収されたので、改めてそちらと十回以上も折衝を重ねた末に、ようやく止々呂美村は供給地域に編入された。ただし測量費用、電柱の費用、工事費など五千円にもおよぶ諸費用を村民が負担するという契約だ。村民への労役の割り当ても大きかった。そうして大正十一年七月二日に、ついに電灯がつく。電灯料金は、行灯やランプによった時代の三倍から五倍にもなった。

それでも村民の総ては決して重い苦痛とは感じないのは寧ろ不思議なやうである。これ全く時代の要求であると同時に世態に引きづられ行く照応心理の発露として又止むを得ない現象であらう（『同前』）。

当時、幹線から外れた小村への供給を求められた電力会社は、村に諸費用を負担させたり、村人に労役を担わせるなどの条件をつけたので、横暴だと批判されることも多かった。だがこの村では、かつてはランプをさえ贅沢と感じていた人々だというのに、電灯のつく喜びのほうが勝ったのである。電灯への「憧れ」や「羨望」が「憤慨心」にまでなったとは、「電灯がない」ということが激しいコンプレックスになったということだ。

ましてや昭和、それも戦後ともなれば、このような思いは悲痛なまでになる。たとえば「京都の秘境に送電」と題された、次のようなコラムがある。

昭和36年8月15日、当時、最大の未点灯地区として残っていた京都府桑田郡美山町佐々里、白石、芦生、須後の4地区96戸に初めて電気が送られた。ここは「日本の秘境」といわれた山間の僻地で、同地の小学校4年生のひとりは、通電の喜びを次のような作文に表している。

「15日の4時ごろ電気がつきました。おんじゃんは『わしはこの電気のつくのをまっとったんや。この電気がついたで、もういつ死んでもとくしんや』といわした。おばあは『電気はあかいでよいな』といわした。いぜんはくらくてべんきょができなかったけど、こんどは明るいでばんにもできるし目もわるくならないと思った。もうわたしたちの村は、いなかやない。もうケイコウトウもついてるし、町にもぜったいまけないぞ」（『電灯100年』）。

電気がつくことには、その実利の享受よりも、「いなかやない」「まちにもぜったいまけない」という言葉に見られるコンプレックス解消のほうに、いっそう大きな価値があったようだ。だからこそ「もういつ死んでも得心」とさえ言えた。

もう一つ例を見てみよう。

昭和三十九（一九六四）年に初めて電気が通った宮崎県のある山村で電気導入事業の交渉にあたった宮崎県経済部農政企画課主事、渡辺靖之は、その説明会での体験を次のように記している。


受益者の中の一婦人は目に涙をためながら次のような感動することを言う。「みんなはオリンピックの日までとか、盆までとか言っていますが、私はこの事業に着手してよいという決定があり次第すぐにでも工事をしてもらい電気をつけてもらいたい。実は私のところには、小学生と中学生の二人の子供がいる。勉強に必要なことはもちろんですが、先日小学生の女の子が学校から泣いて帰ってきた。きっと近所の子供と喧嘩して泣いているのだろうと事情を聞いてみると、子供は一枚の紙を私に渡し〝今日学校で宿題が出たが私には書くところがない〟と言う。そこでその宿題の紙を見ると電気器具が家にいくらあるかという調査紙です。これでは子供が言うように書くことはできないのは当たり前で、ランプ生活を嘆き親子揃って泣いたことがあるので、一日も早く電気をつけてもらいたい」というのである（渡辺靖之「ランプから電灯へ」『へき地未点灯解消のあゆみ』所収）。

やはり電気がないことの不便さよりも、他地域の生活との差異の広がりが嘆きの元になっていた。ただの違いでなく、それが〝文明の遅れ〟として意識されるがゆえのいっそうの嘆きである。この要望を受け止めた渡辺の尽力で工事はすみやかに行われた。「ここの部落も遂に永い間の未点灯から解放せられ」たのである。部落では、家々からランプを一個ずつ集めて、部落の入口近くに埋めて、「ランプの墓」を造った。「この点灯した喜びと今日までお世話になったランプの恩を永久に忘れないようにしたい」と、受益者の代表は喜びの中に語ったという（『同前』）。ランプを供養する村人たちの心優しさがしのばれるが、同時にこれは村にとって一つの時代を終わらせる儀式でもあったのだろうと思う。村は「未点灯から解放」されたのだ。そして「文明の光」が到来したのである。

電気が文化になる

明治二十二年に品川電灯会社が刊行した『電気灯』(駒井宇一郎)では、電球の利点が次の七点に分けて説かれている。

「純精」(炭酸ガスを出さない)
「清潔」(煤をださない)
「清涼」(熱が少ない)
「簡便」(手入れがいらず、スイッチ一つで操作できる)
「不動」(風に揺れない)
「美観」(電気灯の光は美しい。周囲のものをきれいに見せる。視神経を歓ばせ楽しませる)
「安全」(失火やガス中毒の原因とならない)

これら七点について、この冊子は石油ランプやガス灯などの他の灯火を「不完全」なものとして強く批判し、それに対して電灯が優れていることを説いている。

こうした衛生、安全、便利といった利点が、「文明の光」ということの実際的な内実でもあった。これらの要素が、大正時代半ばからは「文化的」という言葉で包まれるようになる。

たとえば、やや後の資料だが、昭和八年に刊行された『誰にも役立つ国民の電気』(宝来勇四郎)には、「文化生活は電化より始まる」とある。理想的なライフスタイルの実現のために電化が必要とされたのである。

「文化」や「文化生活」という言葉は、大正時代の流行語だった。大正八年には、「文化生活」を理想として広める啓蒙団体「生活改善同盟会」が、文部省の後援のもとに設立されている。衣食住や社交、冠婚葬祭など生活のあらゆる面について、旧来の習慣や単純な西洋模倣の無駄や弊害を排し、簡素で合理的な「文化生活」を送るように啓蒙した団体である。

「文化生活」という言葉そのものは、北海道帝大教授、森本厚吉が唱えた文化生活論によって広まったという。森本は生活改善同盟会には批判的で、大正九年に吉野作造、有島武郎を顧問として帝大教授らを中心とする「文化生活研究会」を創設し、通信教育などを取り入れた啓蒙活動を熱心に行った。文化生活研究会がめざす「文化生活」とは、顧問の吉野作造、有島武郎の名からもわかるように、個人主義やヒューマニズムといった大正デモクラシー、教養主義の思潮の実践でもあった。その実例とすべく「文化アパートメント」を建設、大正十二年の関東大震災後にはその理念が同潤会アパートメントへと発展する(山森芳郎『生活科学論の20世紀』)。

これらの活動が盛んに行われた大正時代半ばは、電気博覧会などの電気知識を普及する活動が盛んに行われだした頃でもある。その中心をなしたのは、大正五年に中央電気協会のなかに作られた家庭電気利用促進法調査会で、大正十三年には家庭電気普及会となる。伊東章子「電気業界関連団体の国民向け啓蒙活動」(猪木武徳編著『戦間期日本の社会集団とネットワーク』所収)によれば、この会は、後藤新平を理事長とし、「家庭に於ける電気の利用を促進し、生活の改善を図る」という目的を掲げ、全国に支部を設けて、家庭電化に関する調査、研究を行い、各地で講演会や展覧会を開催、雑誌を発行するなどして、事業者と研究者、技術者の間の情報の橋渡し役となることや、消費者への電気知識の啓蒙、需要の喚起をめざしたという。

生活改善運動の一翼を担いながら販売促進活動を行ったわけである。

その目的は、商品販売のみならず、昼間の電力需要を喚起することにあった。明治四十(一九〇七)年に東京電灯会社が山梨県の桂川水系に駒橋発電所を建設したのを皮切りに大型の水力発電所が増加し、五年後の大正元年には水力の発電量が火力を超える。発電方法の「火主水従」から「水主火従」への転換である。これで電気料金が下がり、電灯の普及が進んだ。しかし二十四時間稼働する水路式の発電所では、火力のように需要に応じた発電量の調整ができないため、昼間は電気が余ってしまう。しかも第一次世界大戦後の不況で事業所需要が減少したため、その余剰は電力会社にとって大きな負担となっていた。そこで電灯しかない一般家庭にも昼間の電力需要を開拓しようと、昼間の電気料金を夜より低く設定する一方で、さまざまな家庭電化製品の普及キャンペーンを行ったのである。

むろん実際には、戦前の一般家庭に電灯以外の電化製品はほとんど普及していない。電化製品はあまりにも高価だった。家庭電化が進むのは高度経済成長期になってからのことである。それでも理想の「文化生活」の条件を満たすものとして、電気は夢の輝きをまとい、「文化」という観念と一体化した。

大正十四年に電気協会が、電気知識の普及を目的として「電気が日常生活の向上のために最も適切なることを示すべき標語」を募集したとき、選ばれた標語には「文化」という言葉を含むものが四つあった（『電気協会十年史』）。

電気即文化
時勢遅れの薪炭よして　電化で文化となりませう
渦巻く文化乗切る電気
文化と電化は並行なり

今日でも、電気は文化の礎であるとか、電力不足を許容すれば文化の衰亡につながるといった論調を目にすることがよくある。その考えは、大正時代の文化主義的な風潮から生まれてきたと言えそうだ。それ以来、「電気がない」ということが、「文化的でない生活」という過剰な意味を帯びたコンプレックスを喚びおこすようになったわけである。

電化と人格教育

大正十一年に電気工学の権威として知られていた山本忠興《ただおき》が東京の目白に自宅として建てた通称「電気の家」は、今日で言えばオール電化住宅である。家事一切を電気でできるように設備されたスパニッシュ様式風の二階建て住宅で、山本の従弟、住宅設計施工会社「あめりか屋」の設計者だった山本拙郎《せつろう》が設計した。

ここを訪れた人は、まず玄関で壁にあるボタンを押す。するとブザー音とともに自動扉が開く。各部屋に設置された電化製品を名前だけあげてみよう。応接室には電気湯沸かし器、足温器、シガーライター、扇風機。食堂にはコーヒー沸かし器、トースター。裁縫室には電気ミシン、電気アイロン、電気掃除機、鏡台脇に熱風式の頭髪乾燥器、戸棚には電気行火、湿潤器、台所には電気レンジ、電気釜（タイマーをセットしておけば炊飯できた）、電気冷蔵庫、皿洗い器、温水器などがあり、井戸水は電気ポンプでくみあげる自家水道。土間には電気洗濯機が置いてあった。

そして寝室のベッド脇には卓上電話、枕元には「電灯を自由にあやつる」ボタン・スイッチがあったという。

むろん「電気の家」にあった電化製品は、今ではどれも普通の家庭にあるようなものばかりだ。つまり今日の家々はすでにほとんど「電気の家」なのである。

しかし当時は、電気冷蔵庫だけで家一軒建つほどの値段だったから、「電気の家」はとてつもない豪邸だった。土地、家具あわせて六万円の建築費がかかったという。『明治大正昭和値段史年表』（週刊朝日編）によれば、大正十一年の第一銀行の初任給が五十円。現在が二十万円だとしたら四千倍だから、六万円は現在の二億四千万円くらいに相当することになるだろう。その家にあったのは庶民の日常に無縁なものばかりだったのはもちろんだが、電化製品の多くは輸入品だったから、裕福な者にとっても珍しい品が多かった。

山本一家は「電気の家」に暮らしながら、家庭電化のモデルハウスとして見学者に公開した。評判は「新聞雑誌を通じて全国にひびき渡り、皇族をはじめ有名人の訪問見学は勿論のこと、地方からわざわざ見学に上京する団体まであったという。

見学人は、もの珍し気に、列を作って、応接間から食堂から台所から便所から、あげくのはてには寝室まで見て行くのであるから、家人は気の休まる時がなかった。知人の紹介状があっては断るわけにも行かない。何度も繰り返した同じ説明をまたくりかえし、また高貴な方々の要求があれば、電気がまでご飯まで作ってお目にかけなければならなかった
（矢野貫城『山本忠興伝』）。

このような気苦労をしながら、山本一家は「電気の家」に十年間暮らした。これほどにして家庭電化を世に広めようとしたのはなぜなのだろうか。

山本は、「やがては都市の全家庭も電化されて、今日水道により水が配達されると同様に、電力が供給され、清潔と安全と便利な家庭生活が営まれるでせう。また煤煙深き都市が無煙の都市と変るでありませう。これがこの家の主人が抱く希望であり、また自ら率先して電化を試み研究をしている理由である」と記している（『子供電気学』）。

家庭の電化がもたらすものを、山本は「清潔・安全・便利」の三つだと言う。今日のオール電化住宅のセールスポイントも同じだろう。電化を奨めるときの要点は、「文化生活」の条件とされたものと等しかった。

だが山本は、電化によって家庭を便利で衛生的にしようとしただけではなかった。人格教育のうえにも効果を期待していたのである。『山本忠興伝』によれば、「電気の家」の月々の電気代は最低でも十五円かかっており、それで山本はよく次のように主張していたという。

十五円なら、女中の給料と同じである。そろそろ大きくなり出した子供達が、女中に対して特権意識を感じて、大人の真似をして命令などをくだすと言うことは、教育的ではない。皆が自分のことは自分で始末できるようにならなければ、社会に出ても苦労する。これからの時代は、人に頼る気持があっては一人前になれない。だから人手の不足は電力で補うとして、人を雇わずに銘々が自主的に暮して行こう。電気の研究は、生活の合理化に直結しなければならない。無駄な労力を省いて、余分の時間や労力をもっと有意義なことのために使おう。

山本は、電化によって家庭から女中をなくすことによって、子供に女中を見下すような特権意識を持たせないという人道的な教育上の配慮ができ、また自主独立の気風をも養えると考えたのだ。当時の中流以上の家庭では何人かの女中がいるのが普通だったが、山本家では「ひとりの召使をも使はず、雑用を果すための労働力は、これを電動機に任して」、「五人の家族は、電気を召使として、各々家事を分担し」ていることで、「自治生活に慣れ、労働の神聖なることを信じ、物価について、確実な知識を会得している」と記している(『子供電気学』)。ただし『山本忠興伝』によれば十年間の「電気の家」暮らしで女中を雇わなかったのは三年間だけだったそうだ。見学客の案内に時間を取られたためだろうか。

このように山本は、電化による合理化をたんなる節約としてではなく、人格教育の条件ともみなしていた。そこには大正時代半ばから盛んに唱えられた教養主義、文化主義の思潮の影響が明らかに認められる。

先に引いた『誰にも役立つ国民の電気』でも、電化すると「文化生活」となる理由として、第一に、電化によって労働時間が節約され、その結果、主婦が「自分を研《みが》いて行く時間」を作れること、第二には、女中、および薪炭を節約できることをあげている。すなわち「時間と費用の節約を実現する為に、家庭電化が唱道されてゐる」のだという。時間と経費の合理化が、「文化生活」を可能にするというのだ。

このように電化生活は、さまざまな魅力に彩られていた。たしかに家庭を電化すれば、清潔で安全で便利になる。有害物質も汚れも出ない。煤で汚れたランプのホヤを磨く必要もなく、油を補充する必要もない。炊飯や洗濯の手間も電気が肩代わりしてくれる。

だが家庭内が「衛生、安全、便利」になるのは、危険や汚れや手間が外で担われるからである。電化によって山本の言うように「煤煙深き都市が無煙の都市と変わる」なら、その負担は他のどこかがなんらかの形で負うことになる。家庭の電化とは、家庭をそのような社会経済のシステムに、より直接的に組みこんで常に接続しておくことでもあった。それはたしかに新しい時代の始まりだった。

二　「電気知らず」事件

誰が電灯に火をつけた？

長野電灯会社は、明治三十一（一八九八）年に長野市茂菅《もすげ》に発電所を建設し、長野市への電気供給を始めた。その工事が始まったとき、「茂菅に水を引いて来て、電気というものを作り、ランプより明るい火をともすことができるんだ」という噂が広まった。

そのうちに町の中に柱が立ち、太い針金のような線が引かれていく工事が始まった。何のことやらさっぱりわからない。作業員が休んでいる間にそばに置いてある電線の切口をのぞいてみて、「水の通る穴なんかあいてない。まるで手品師以上だ」と感心すれば、まわりの通行人も次々とのぞいて見た（『長野に電灯が点いて八十年』）。

家に初めて電灯がついて、近所の人々が集まってくれば、そこでも次のようなことが起こった。

いち早く電灯を入れた家へは近隣の人々が珍しがって見物に出かけ、縁側は満員となった。その家の主人は、突然風が吹いてくると、今までのランプの生活の習慣がぬけきれず、「おい、みんな。すまねえが今晩は帰ってくれ、電気が消えるといけねえから雨戸を閉めるで、悪く思わねえでくれ」と言った（『同前』）。

このように、初めて電灯に接した人々が、電気について知らないために奇妙な言動をしてしまったという、事件というほどでもない珍事が、全国に多く伝えられている。

吉村和夫『津軽の文明開化』に紹介されている『東奥日報』明治三十一年四月二日の記事によれば、青森県では次のようなことがあったという。

農工銀行の株主総会のため各郡市から集まった人たちのなかの数人が、楼の座敷にあがって酒を酌み交わしていた。そのうち日が暮れて、ふいに電灯がついた。それを不審に思った人が座中の一人に「誰が火をつけた？」と問うと、「それは電灯だ」と答える。尋ねた人は「電灯でもなんでもいい、誰が火を付けたのだ」とおし返す。それにまた「それは電灯だ」と答えたので、二人の間で同じ問答が何度も繰り返されたあげくに論争となり、すっかり興が醒めてしまい、宴会はお開きとなった。ところが、楼を引き上げて旅館に帰っても、なお電灯の議論がやかましく続いたという。記事は「未だ電灯の何たるかを知らぬ者と、既に充分呑み込みおりし人の衝突とは、近来面白き話ならずや」と結ばれている。しかし「それは電灯だ」としか答えなかった方も、当時は夕方になると電気供給されて点灯する定額電灯なので、電灯とは暗くなればひとりでにつくものと合点しているばかりで、それ以上の説明ができなかったのだろう。

このような電気への無知ゆえに生じた出来事を、松谷みよ子は『現代民話考12　写真の怪・文明開化』のなかで、「電気知らず」という項目名でまとめている。電球に息を吹きかけて消そうとしたなどといった逸話である。そこに収録された逸話の要点のみを並べてみると、次のようなものがある。

・電球のそばで団扇を使うと灯が消えるといって叱った。
・電球にキセルを近づけて火をつけようとした。
・電灯のどこに油を注ぐのか尋ねた。
・電灯が暗くなったのを見て、「この頃、油が高いせいだろう」と言った。
・針金のなかを石油が流れてくるのだと説いた。
・電球のソケットに指を入れて感電し、中に蜂がいると騒いだ。

・電線そのものが灯をつけるものだと思い、工事後に落ちていた電線の切れっ端を拾い集め、石油ランプや蠟燭立てに入れて点灯を待った。
・他所で電灯を見て感心し、自分の家にも欲しいと、雑貨屋で「電気」を買おうとした。あるいは電球とコードを買っていって、家でそれを見ながら点くのを待っていた。

こうした小さなエピソードは、全国で無数に生まれたことだろう。電灯など聞いたことさえなかった人々が、今から見れば滑稽なことをしたり言ったりしても、むしろあたりまえというものだ。

キャロリン・マーヴィン『古いメディアが新しかった時』によれば、アメリカでも同じような出来事がたくさんあったようだ。誤解の内容も似たものが多い。

たとえば、あるホテルのボーイ長が病気になったために思いがけずその地位に昇進した黒人の男性が、レストランの電灯を消すときになって、その方法がわからず悩むが、意を決して、テーブルに載せた椅子に座って危なっかしくそりかえり、瞼を腫れ上がらせ、顔に汗をしたたらせながら、ふーふーと電球に思いっきり息を吹きかけた、などといった話である。

マーヴィンは、電気技術者やその周辺事業者、労働者を読者とした専門誌に掲載された多数のこうした事例のテクストを分析して、「普通、こうしたからかいの標的にされたのは、黒人、外国人、田舎者、女性といった身分的な秩序の中で蔑まれたグループの人々」だったと指摘する。

当時の電気技術者たちは、社会的な地位がまだ定まらない存在で、低く見られていた。というのも、「機械の監督からモーターの設計者、物理学者から電信技師にいたるまでの雑多な一団」の誰もがなんらかのかたちで「エレクトリシャン」という名称を共有し、電気に興味のある人なら誰でもエレクトリシャンと名乗ることができたからである。それは、いい年をした男が生計を立てられるようなまともな仕事ではないとすら思われていたという。それで専門技術者としての地位を求めたエレクトリシャンたちは、技術のリテラシーを持たぬ無知な者たちをマイノリティに重ねて嘲笑することによって、リテラシーを持つ自分たちをエリート集団として位置づけていこうとしたというのである。

日本では、どうだったろうか。明治二十五（一八九二）年に創刊された『電気之友』などの電気技術者の雑誌にあたってみたが、そのような記事はみつけられなかった。コラム的な読み物や投書欄が充実していないので、掲載される場所がなかっただけかもしれない。しかし、日本では電気技術者が低く見られるということはなかった。学者からは軽んじられたとしても、一般の人々からはとても尊敬されていたのである。

村の衆は、わしら電気屋をだいじにしてくれました。役場に宴会なぞあると、校長さん、警察の駐在さんらといっしょに来賓としてもてなされたものでした（村田幸一郎「戸隠散宿所の思い出」『長野に電灯が点いて八十年』所収）。

村に点灯されると祝賀会が盛大に催され会社から出向いた洋服姿の社員は「先生」と言う敬称で迎えられ大したもてようだった（座談会「茂萓発電所の回顧」『同前』所収）。

私達子どもが当時エライ人だと思い込んでいたのは巡査と電燈会社の工夫様で、その人達と出会うと思わず最敬礼をしていました(河嶋慶次「不思議な電灯」『電灯１００年』所収)。

電気技術者に限らず、西洋伝来の新技術に通じた者は、ときに嫌悪されることはあっても、軽んじられるということはあまりなかったように思われる。

大阪電灯では、故障の知らせを受けると自転車か人力車で出向いたが、お茶屋や料理屋など修理を急ぐところでは先引き後押しつきの「急行人力車」を迎えによこしたという。ねじ回し一本と少しばかりのヒューズをポケットに入れて、医者が重病人を診察に行くように威風堂々とかけつけた。たいていの故障はヒューズが飛んだという程度のことだったので、はじめはちょっとそこらの電線を調べて、それからヒューズを替えれば、パッと点灯する。

明治末の電柱を建てる様子。多くの人が見守っている（『長野に電灯が点いて八十年』より）

それが魔術師のごとく見えた。「あとは酒、サカナ――それはもう下へも置かぬもてなし。芝居などでも〝顔パス〟で特別席にはいれた」という。普通の家庭でも、パッと明るくなれば「家族一同の不安はイッペンにけし飛んで喝采止まず、茶菓を供してその労をねぎらうのは普通」だった（大阪読売新聞社編『百年の大阪』、篠崎昌美『大阪文化の夜明け』）。

修理係からすれば、一般の人々が電気のことを何もわからないのは当たり前で、馬鹿にするような気持ちはなかったのではなかろうか。

また、当時の電気会社で働く人々には、侠気と言えるような気風があった。とくに電灯線を架設する外線係の職工は、高圧線の架設のさいにわざと通電したままで派手に火花を散らしながら作業をして一般人を感嘆させるなど、危険を競い合って誇りとするような伝法な人々だった。大阪郊外に五万ボルト以上の特別高圧線を架設したときには、東京からも腕自慢の職工団がやってきたが、大阪の職工たちとの小競り合いとなり、たがいに仁義を切り、短刀を抜き、般若などの入墨をした肩もあらわにして、あわや血の雨がふるかという場面になることも珍しくなかったという（四貫島《しかんじま》旭「電灯線工事三十六年」『大大阪』昭和十四年五月号所収）。

営業や集金に回る人々にも、そうした男ぶりを誇るような気風はあったらしい。

街々に明るく電気の灯がともりかけた明治時代、電気屋渡世というものは、なかなかハイカラの商売だった。銭はあまり持っていなかったが侠気があって気まえがよく、気の荒いのが玉に瑕というところ、なんとか工面してよく遊んだものであった（竹内朴児《ぼくじ》『電気屋昔話』）。

こうした待遇や気風からいって、電灯会社で働く人たちは、腕自慢はしても、電気に無知な人々を馬鹿にして得意がるような欲求はあまり持たなかったのではないかと思う。『名古屋電灯株式会社史』には、次のようなエピソードが紹介されている。

明治二十二年十二月十五日に同社が開業する数日前に、名古屋市内の官民の有力者たちを招待して点灯試験を見せたところ、当時の錚々たる実業家の一人が言った。

「針金が管状になっていないのに、その一端に火が点くとは、奇妙ではないか」

そばにいた人がそれを聞いて応じた。

「頼むから、つまらん怪しみはやめてくれ。今夜は点火の見本を示すだけだから普通の針金を使っているので、開業して一般に電気を供給するときにはもちろん管状の針金を使ってやるんだよ」

紳士らは、ガス灯の仕組みを念頭に、電気という燃料が電線を流れていくものと想像したのである。官民の有力者たちも、先に紹介した長野市の工事現場で電線の切口を覗いて「穴がない」と驚いた人と同じ「電気知らず」だった。そしてこれは「電気知らず」を笑いものにしようとして記されたのではなく、「之を耳にして敢て異とする者無かりしが如き、以て電灯に関する当時の一般知識の程度如何に貧弱なりしかを窺ふに足るべし」と、無理解のなかで電灯会社を創業した大変さを伝えようとして書かれている。誰もが電気に無知なのが当たり前だったのである。

とはいえ、マーヴィンがいう「からかいの標的」とされた対象がまったく見られなかったわけでもない。一例を引いてみる。

大正二年の秋口のこと。青森県北津軽郡木町不動林に白川重次郎という七十二歳の爺さまがいた。馬ぐらい便利なものはない、物を運ぶんだからと、つねづねいっていた。そこへ電灯が「ともる」という話だ。想像もつかない。水を利用して発電するなんて人間業ではない。雷様のなす業だ、雨が降るとき稲妻が光る、そのとき線がしたにさがって地上の線とつながり、それで家々の灯がつくのだと信じた。文明開化とは恐ろしいものだ。そこで村中に明日から電気がつくそうだから皆拝んでけせと、一軒一軒廻って歩き、自分は毎日拝んだ。今も語られていると(北沢得太郎・松谷みよ子編著『現代民話考12』)。

松谷の収集した「電気知らず」の話は、その多くが「おじいさん」「おばあさん」を主人公としている。新技術の登場に対して滑稽な言動をする年寄りという話型が成り立っているかのようだ。わずかに「山奥から出てきた女中」「半玉(出身地は記されていない)」「綿打ち職人」

などの例外が見られる程度である（具体的な地名をあげて、通電している地域に未通の地域の人がきてという話もいくつか見られる）。

日本では、電気技術についてのリテラシーの有無を、階層などに重ねることはあまりなく、多くが世代の新旧に重ねていたと言えそうに思う。マーヴィンの著作中に列挙された「からかいの標的」には、高齢者は含まれていない。そこに日米の大きな違いがあるのかもしれない（ただし通電地域にやって来た未通地域の人を「田舎者」と解釈すれば、それはマーヴィンによる列挙に含まれている。また松谷の著書以外からの事例では、職業も世代も特定できないものが多いようにも思う）。

むろん日本での事例は、多くが思い出話か、村や家族に伝わる逸話なので、マーヴィンが同時代の技術者の専門雑誌から収集した事例と同列には扱えない。嘲笑や軽蔑をあまり感じられず、ほのぼのとしたおかしさを感じるのはそのためだろう。実際には、電気を恐れて工事に反対する村人と電力会社とのトラブルも多く起こっていた。それも「電気知らず」によって引き起こされた事件ではある。そうした事件は、無知や迷信深さが事業の障害になったという記録になるので、ほのぼのとした印象にはならない。それについては後で改めて扱いたい。

昔語りでは、振り返るまでの時間差が滑稽さを生み出している。電灯が普及し、その仕組みや使い方などのリテラシーがおおむね「常識」になっていればこそ、その「常識」に外れた行為がおかしみを誘うのだ。たとえば次のような話は、そのことを如実に示している。

昭和五年の夏の頃だ。私は京都市総務部文書課に勤務していた。当時役所では文庫整理をしていたので、ヒマなときにはよく手伝わされた。市庁舎の地下の一室で汗と塵にまみれて、真っ黒になって文書の山と取り組んでいた。

明治三十年頃の「外灯一件」と表記してある綴りをほぐしていたところ、一通の書類が出てきた。それは五条警察署からの照会状で「昨夜は名月であったにもかかわらず、街路灯が点っていたのは如何なる事由によるものか承知いたしたい」との趣旨だった。

外灯を点灯するのに、月夜闇夜の区別がないのは、あたりまえのことで異とするには足りないが当時にあっては「月夜に提灯は無用」という考え方があったためであろう、一同爆笑したことは申すまでもない（佐藤峻吉「月夜に提灯は無用」『電灯１００年』所収）。

たしかに我々は、月の満ち欠けにあわせて街灯を点けたり消したりすることなど思いもしない。だが、満月の照らす下を提灯を下げて歩くことがナンセンスであるなら、満月に街灯を点灯することも無駄に思えるのは当然だろう。明治三十（一八九七）年にはそうであったらしい。だが昭和五（一九三〇）年にはその考えは「一同爆笑したことは申すまでもない」というほど、誰にも滑稽と感じられる発想になっていたのである。街灯が日常化し、そのあり方が常識化していたわけだ。「一同爆笑」は、三十五年ほどの時差が生み出したものである。

しかし今でも昔の意識のままだとなれば、啓蒙の対象とされる。たとえば今日では、電気使用量に応じた料金が発生することは常識である。だが電灯が普及し始めた頃は、電球の数で料金の決まる定額制であったため、少しでも長くつけていたほうが得だと一晩中つけっぱなしにしている家も少なくなかった。その頃の習慣が抜けなかったのか、戦後の電力不足の時代にも電気の節約という観念はなかなか浸透しなかったという。それで電力会社による啓蒙活動が盛んに行われたが、節電しようという意識を普及させるには、電気メーターの読み方や料金の計算についてのリテラシーの啓蒙が必要だと考えられた。

昭和二十三（一九四八）年五月十日に福岡放送局で放送された神津真人の「停電をなくする為に」という講演（神津真人『電灯会社30年』）では、終戦後の厳しい電力事情のなか供給不足による停電を防ぐために、消費者に簡単な計算をするように訴えている。かつて九州配電の福岡支店長だった神津は、旧制中学や女学校を卒業した十八歳から二十歳くらいの入社志望者たちに、次のように質問したという。

「あなたのお家の電灯は、メートルですか、定額ですか」

「メートルです」

「それではあなたのお家で、六〇ワットの電灯を一つ、五時間の間、つけっぱなしに点けたら、お家のメートルは何キロ上がりますか」

この質問に答えられた者が一人もいなかったことに、神津はショックを受ける。

「電気に関するこんな簡単な質問に、いやしくも中学とか女学校とかの卒業生が、答える事ができなかったという事実は、私共電灯会社に永年勤めておりました者にとりまして、実にひどくびっくりさせられた事でありました」

神津はこの体験から、一般社会には電気の知識が広まっておらず、それは電力会社が電気知識の普及宣伝に力を入れてこなかったためだと反省した。そして今後は普及宣伝に力を入れ、電気知識を広めることによって今日の電力不足による停電の多い緊迫した状況を解決したいと語る。

今日、節電という考えは、前提に使用量を計算できるリテラシーがあるとも必要だとも思われないほど、ごく常識的なものだ。神津があげているような計算などできなくとも（単位についての知識がなければできなくて当然だ）、多く長く使えば料金も上がるということは誰でもわかっている。それだけわかっていれば、節電という意識を持つには充分だろう。だが、その当たり前と思える発想が広まっていなかったからこそ、神津は消費電力の計算の仕方まで理解させる必要があると考えたわけである。

電気が「文化」の根幹のごとくみなされるようになると、電気や電気器具についてのリテラシーも、「文化生活」に欠かせないものと意識されるようになっていく。それがやがて「常識」となれば、そのリテラシーを持たない者のなした珍事や失敗談はおもしろおかしい話として語られたり、ときには記録されるようにもなった。その笑いは、ほのぼのとしたものである。昔はそんなことがあったのだなあ、というだけのことだからだ。

だが、それが同時代のこととなれば、啓蒙の対象とされる。場合によっては、嘲笑の的ともされるだろう。また、愚痴になることもある。たとえばパソコンのテクニカルサポートをしている人たちや、顧客の無理解な仕様変更の要求に苦しめられているシステム・エンジニアの愚痴や怨嗟の声が、ネット上には数多く見られる。嘲笑的な言葉もなくはないが、優越感を味わっているというよりは、苛立っていることが多いようだ。

嘲笑して優越感を味わっているのはむしろ一般ユーザーたちのように思う。「電気知らず」のようなエピソードは、電信が始まった頃の、電信線に風呂敷包みを引っかけて相手に届くのを見守っていたという逸話に始まって、新技術が登場するたびに語られてきたものでもある。電子レンジで濡れた猫を乾かそうとしたとか、ファックスで品物を送ろうとしたといった類の話である。マイクロソフト社のOS、WINDOWS95が登場してまもなくオフィスの急激なIT化が進んだが、その頃にはパソコンの使い方を知らない上司の犯した愚行や失敗の数々がよく語られた。若者向けの雑誌でそうした事例を集めた記事が組まれたこともある。今でも、ネット機能を備えて多機能化した家電製品やスマートホンなどで、似たようなことは繰り返されているだろう。いずれ3Dプリンタの誤用の笑い話も登場しそうだ。

たかが新製品の扱いに通じているか否かというだけのことなのだが、それが科学技術の成果とイメージされ、これからのインフラとして社会に主流化していくという予想が働いている場合には、リテラシーの問題となる。常識化への過渡期にある（とみなされる）リテラシーを学ぶわずかな時間差によって、誰もが「電気知らず」となってしまうのである。マーヴィンの指摘したような、新技術に通じていない誰かをおとしめ嘲笑することで自らの優越性を自他に確認せしめるということを、我々自身が今まさにしている、されているのかもしれない。それは電気を大量に高度に使っている国ほど先進国であるかのようにみなす文明観とも重なっているだろう。

三　怪物エレキがやってくる

エレキの毒

「エレキという得体の知れない怪物が用水に入りこむと、水の中に毒ができる。そうなったら飲めなくなるのはもちろんのこと、田畑も全滅するぞ」

村人たちは、「エレキ」の恐怖におののいた。明治二十九（一八九六）年の春、富山市街から南へ少し離れた村でのことである。近くの用水の水を使って発電しようという事業計画が引き起こしたパニックだった。

その二年前の五月。富山市で開かれた工業品評会に、密田《みつだ》孝吉《こうきち》という青年が自作した五馬力の火力発電機を出品し、十八日間にわたって電灯をともしてみせた。電球は東京電灯から借りたアーク灯だったという。その展示を見た金岡又左衛門が密田に、ともに電灯会社を興そうと誘う。金岡は、先代から嗣いだ薬種業を発展させた実業家で、政界でも富山県議会議員を経て、明治十七（一八八四）年からは衆議院議員を四期務めた、この地方の有力者である。

金岡はすでに東京や大阪で電灯会社が営業しているのを見ており、明治二十四年に京都で琵琶湖疎水の水力を利用した蹴上《けあげ》発電所ができたことも知っていた。富山県は、神通川や常願寺川などの暴れ川がたくさんあり、水害に悩まされてきた。その水を発電に生かせないかと、金岡は考えたという。

それまで東京や大阪と同じ火力発電を考えていた密田は、金岡に勧められて、水力発電の研究を始める。といってもゼネラル・エレクトリック社が発行したパンフレットぐらいしか参考にできるものがなく、概略的なことしかわからなかった。それでも消費地である富山市街からできるだけ近いところに十分な水量と落差のある地を探す必要があることはわかった。密田は川や用水を訪ねて歩き回り、市街から約一二キロ南の塩村、現在の富山市塩に目をつける。神通川の河岸段丘のそばを農業用の大久保用水が通り、段丘の高さが二〇メートルほどあった。ここなら発電できそうに思われた。金岡は大阪電灯会社を訪れて相談し、実地測量できる人物を紹介してもらうなどして、この場所に決定する。

そうする間に、塩村の周辺にはエレキの噂が拡がっていた。水力発電をするには、用水使用の許可を得なくてはならない。だが用水の使用権を持つ地主たちは、「金岡は誰かにだまされて、切支丹伴天連《キリシタンバテレン》の魔術であるエレキを持ち込もうとしている。こともあろうに大久保用水の水で灯をともすとはなにごとか」と悲憤慷慨し、小作農たちにもエレキの怖ろしさを語って不安と怒りをあおりたて、収拾のつかない騒動に発展させたのである。

だが金岡も密田もくじけなかった。金岡は、富山県における進歩党（明治三十一〈一八九八〉年に自由党と合同して憲政会となり、すぐに分裂して憲政本党となった）の領袖《りょうしゅう》だったので、用水につながりのある政党関係者を一人ずつ訪ね歩いては説得していったという（正治清英『北陸電気産業開発史』）。

さらに未知の産業ゆえの株式募集の困難などものりこえ、明治三十一年に富山電灯株式会社を創立し、翌年には発電所も完成、開業にいたる。

水から火を出す妖術

この騒動のように、水力発電の場合には「水から火をとりだす」ということが、たんに奇異というだけでなく、自然の理法に逆らう邪法という印象を与えていた。火と水とは、絶対に相容れない、対立するものの代表だったからだ。水は火を消すのが自然の理である。水から火が生ずるなどありえない。前近代にあっては、自然の法則と道徳とは一つのものだった。自然とは、あらゆる技術が到達すべき理想である。だから、この自然に反する技術は切支丹伴天連の妖術であり、有害なものに違いなかった。それが「水に毒を生ずる」という恐れにまで具体化されたのである。

明治二十七年に仙台市内への電灯供給を開始した宮城紡績電灯会社では、契約が順調に増えたので発電所を増設することになり、あわせて需要をそれまでの六百灯から二千灯へと大幅に拡大する必要があったが、そのときもやはり水力の電気への不信感が壁となっていた。ある旅館のばあさんは「電灯とは何から火を出すのか」と尋ね、水力だと答えると、「水から火を出すのでは応ずることができぬ」と断ったという(伊藤清次郎『仙台昔話　電狸翁夜話』)。

そのようなものを家につけるなどは不吉なことだと感じたのだろう。

漠然とした不安だけでなく、実害も予想されていた。佐渡では、大阪の川北電気工業株式会社から派遣された人々が地元有力者に呼びかけ、明治四十四(一九一一)年に佐渡電灯株式会社を創業したが、資本金がなかなか集まらなかった。「およそ水力から電気を起こすなどとはまゆつばであり、灌漑用水をとられては稲作に不安を感ずるとし、また人畜に危険があるとし、こんな突飛な事業は敬遠すべきであるとして、なかなかこの応募に応じてくる者が無」かったのである(『佐渡の電気』)。

農村にとって命の綱である水を奪われるのではという恐れは抱いて当然のものだろう。発電所建設や電線敷設に対する強い抵抗運動が起こるのもやむをえない。

明治四十三年に創業した佐渡水力電気株式会社では、最初に梅津発電所を開発し、そこから両津町に送電する配電線を架線する計画をたて、これに協力してくれれば一戸につき一灯ずつ無料で点灯するという条件を梅津村の村民に申し入れた。だが「何分にも電気知識に乏しい当時の部落民にとっては容易にこれに同意するはずもなく、電気を危険視し、また灌漑用水の不足を告げて反対し、しかも発電所建設自体にも猛烈な反対運動を展開するという事態もあり、逓信大臣の口入れによってようやく和解、また、線路を梅津部落を経由せず、同部落の田圃を横断して両津町に導くことによって、発電所建設が可能になったといういきさつがあった」という。

このような大反対が繰り広げられた村でも、ひとたび点灯されるや、考えが一変する。両津町に点灯されたのを見て、「自分たちの無知を反省すると同時に、驚異と羨望の念にかられ、おらが村にも電灯をつけようという声が次第に大きくなった」というのである。この要求に応えて白瀬水電株式会社が大正九年に創立された（『佐渡の電気』）。

このように電力会社の創業期の事業の障害として語られる「電気知らず」は、説得されるべき無知で蒙昧な抵抗者たちである。説得と電気知識の啓蒙は、旧弊な地方をフロンティアとする事業の開拓の物語として記される。それは文明化の物語でもあった。発電所建設の障害として語られる「電気知らず」は、マーヴィンのあげたカテゴリーの「田舎者」にあたるように見える。しかしそれは水力発電所の建設をめぐる逸話を並べたためにそう見えるので、電力会社の顧客開拓の困難の物語となれば、都市部でも電気を恐れた人たちが登場する。

大正二年に宇治川電気会社は、大阪市内への動力用の電力供給を始めた。大阪電灯会社との協定で、大阪市内では動力電気だけを供給することになっていたのである。その頃の大阪の工場では電力を使っている所は少なく、ほとんどが石油エンジンかガスエンジンを使っていた。

　従って一般工業家の電気に関する知識は、皆無といってもよい位で、電気といへば一筋に危険なものと思ひ込み、中には水の力で電気が起るかといって、如何にも不審さうに質問する者もあり、斯かる連中に電気を供給することは、今日から見れば想像も及ばぬ苦心を要したのである（林安繁『宇治電之回顧』）。

大阪市では明治二十二年に大阪電灯が開業してすでに電灯があるていど普及し、また京都市では二十四年から水力発電が行われていたというのに、大正二年の大阪市でなお、電気を恐れ、水力発電など信じられないという人が多かったというのである。

宇治川電気の営業員は、相手の職種にあわせた説得の工夫をして電気を売り込んだが、なかなか契約はとれなかった。それで、ある社員は湯屋へでかけて、水力電気の効能を述べてから、番台の横の電灯を指さし、「この電球は石炭から起こす電気だからくすぼるのだが、水力で起こす電気を使うと、いつでも水のごとく澄んで、くすぼるようなことは絶対にない」などと説明して、湯屋の主人を感心させたという(『同前』)。

水力発電の電気が特別なものと見られたことを逆手にとったわけだ。一社員の思いつきだったのかもしれないが、じつはこの論法は、水力発電が主流になった後では、電気の魅力を訴えるさいの一つの定型となる。そのことについては後で改めて触れたい。

エレキとカミナリ様

電気が恐れられたのは、水力発電に限ったことではなかった。どうやら雷が電気だという知識も、電気を畏怖させ危険視させていたらしい。たとえば大阪電灯が道頓堀に設けた火力発電所は、やはり「エレキ」と呼ばれて近くを通行する人たちから恐れられていたという。

一般大衆も電灯会社を雷の本家といって恐れた。堀江や新町の廓女などが南地に向かうときは、この道頓堀の発電所前を通るのが人力車夫の近道となっていたのだが、赤煉瓦建てが見え機械のとどろく音が聞えてくると、女は車上から「車屋さん、エレキの前だっせ、早よう走っとくれなはれや」と声をかけた。子どもを膝に乗せている婦人たちは、膝掛けの毛布を幼児の頭からかぶせて通過したものである。筆者にも、母親がよく「エレキの前や、辛抱しいや」といってくれた声が、まだ耳に残っている（篠崎昌美『大阪文化の夜明け』）。

エレキは近づくだけでも恐ろしいものだった。だから電灯の光も、恐れられることがあった。長野県の須高地方で民家に電灯がつくようになった大正年間には、老人の間で「あんねに明るい光にあたると寿命が縮まる」と恐れられたという（『長野に電灯が点いて八十年』）。また明治三十四年に弘前市で弘前電灯が送電を始めたとき、需要はなかなか伸びなかった。「電灯の下にいると、エレキの影響で頭が禿げる」「電灯をつければ、変な臭いがして頭が痛くなる」などの噂が流れたこともその一因だったそうだ（『東北の電気物語』）。

エレキの光は、あのカミナリ様自身からやってくるものとすら思われていた。

電灯がなかなか普及しない原因として、電気料金が高いという理由の他に、故障の問題があった。電圧の関係で、明るさが一定しないのだ。

夕方になって電灯が点いても、十燭光の球がまだ五燭光の明るさしかない。それが、次第に明るさを増したり暗くなったり暫く繰返す。人々は、そんな電球を「雷様《かみなりさま》の深呼吸」と形容した。電気《エレキ》と雷様を結びつけたわけだ。もし電灯がそんな状態になると家の者が、

「そら！　雷様の深呼吸が始まったがら静かにしろ！」

と注意する。すると本当に雷様の仕わざと信じた子供達は、部屋の隅に逃れ、息をつめ乍ら不安気に「深呼吸」をしている電灯を見上げるのだった（吉村和夫『津軽の文明開化』）。

あの天地をどよもす雷神の深い息のひと吐き、ひと吸いが、今この部屋にまで届いている。電灯の明暗に息するリズムの変化を感じとりながら、子供たちはおびえた。大人がからかって怖がらせていたのだろう。

その「深呼吸」するような電灯の揺らぎは、電灯にいささかの詩情を与えてもいた。伊藤信吉が幼い頃、それは「電灯が呼吸《いき》をついた」と表現されたという。

風のある夜、十燭光の薄暗い光が、音もなく、溜め息のようにまたたく。ふっと、かすれる。発電装置、送電施設とも充分でない時代だから、電光の薄れやかすれは珍しくなかった。すると、『電灯《でんき》が呼吸《いき》をついた』『電気の罐《かま》に空気が入《へえ》った』と、まじめくさって言う人がいた。この二語は行灯、洋灯が機械的でなく、それぞれ〈生物的〉要素を付帯していた灯火の昔につながる感覚だ。『灯火親しむの候』の秋気感覚が薄れたのは、電灯が呼吸をつかなくなった頃からではないか。大正年代の電灯は〈生き〉ていた（伊藤信吉『風色の望郷歌』）。

子供だけでなく、大人も電灯を生きているもののように感じていたのである。それを伊藤は、行灯などの灯火、つまりは炎を見るときの感覚につながるものだったという。ならば、それまでの灯火の経験の長い大人こそ、電灯にもその観念をあてはめがちだったにちがいない。電球を吹いて消そうとしたりする「電気知らず」となるのは、炎の灯火の経験がそれだけ長く深いからだ。そこで少し、火にまつわる観念について見てみたい。

清らかな火と穢れた火

神仏の光明という言葉にみられるように、光は神聖さを象徴する。しかし狐火や鬼火のように、妖異とみなされる光も多い。

仙台では、宮城紡績会社の工場の水車を利用し明治二十年に試験的に鳥崎の山上にアーク灯が点じられたが、それを見た人々の間で「あれはきっと狐火だ」と騒ぎになり、巡査がかけつけるまでになったという（伊藤清次郎『仙台昔話　電狸翁夜話』）。遠くに見える正体不明な光は、ただちに狐火を連想させるような、彼岸や異界に通じる徴《しるし》とみなされた。

光と同じように、火にも、二つあった。

清い火と穢《けが》れた火とである。

柳田国男は『火の昔』で次のように書いている。


昔の人の感覚では、火にはきれいな清い火と、穢れたきたない火との有ることを認めて居りました。御飯は神様にも先祖様にも上げるものですから、竈には安心の出来るやうな薪でないと、焚いてならぬものにして居まして、燃料の洗濯といふことがやかましかったのです。


藤蔓や藁縄を炉に焚くことを嫌い、祭りや祝いごとでは必ず形のある木炭を火鉢に置いた。やがて遠くから薪を買うようになると、その出所はわからないので、あまりかまわなくなっていったが、それでも買った薪は風呂やコタツにもっぱら使っていたため、コタツの火で餅を焼いたりすることは戒められていたという。

また燃料に着火する道具にも気を配らねばならなかった。火を作りだす燧石《ひうちいし》や燧金《ひうちがね》の管理には非常に気が遣われ、とくに神仏への灯明《とうみょう》に用いるものには専用の燧箱が用意してあったという。

燧石と燧金とをうちあわせた火花は、どこかからこの世に出現するものだ。人が作り出したものではない。燧石にも燧金にも存在せず、それらを打ちあわせた瞬間にだけ現れる。どこから現れるのかはわからないが、人間の領域ではないだろう。外部からの出現であるからこそ、それがよき火か悪しき火かが重大な問題となる。

しかし、きちんと管理していても、ときには燧石や燧金が穢れてしまうことがある。そうなると大騒動だった。村中の燧金を集めて、鍛冶屋に打ち直させねばならなかったというのだ。打ち直しといっても形ばかりでよかったらしい。

器を新しくすれば、火の根源は改まるものと信じていたことだけは、大昔からの習はしのままでありました。つまりは火は霊界から発するものといふ考え方がマッチやライタアの時代の、すぐ前までは続いていたのであります（『同前』）。

火は、ただの一つの火ではなかった。一つの燧金が穢れたら、村中の燧金が穢れる。それは火が「霊界から発する」ものだからである。火は、共同体の深層に通じていた。

火の清浄であることをもっとも重視したのは、神仏に供える灯明である。だからマッチが普及し始めると、燐は牛馬の骨から精製したものであるから不浄であるとして、灯明のための無燐マッチが「神仏灯火用」「御本山御用」「清浄請合《うけあい》」などと記されて売られていた（石井研堂『明治事物起源』）。

内裏の電灯は大正時代になってから

では電灯は、清浄な火とみなされただろうか、それとも不浄な火とみなされただろうか。明治維新以後の天皇は、肉食、洋装、結婚式など、西欧の文物をいち早く取り入れ、近代的な生活のモデルとしての役割を果たしていた。皇居に電灯をつけたのも早かった。それは火災を恐れてのことでもあった。宮内省では、火災への不安から石油を使わず種油を使っていたが、光力不足で不便だからと、明治十六年には電灯の導入を検討し始め、年末には皇居御苑内での点灯試験も行っている。皇居は明治六（一八七三）年に炎上し、新築されたのは明治二十二年。このとき皇居に電灯が設備された。

しかし『工学博士藤岡市助伝』によれば、明治天皇は、外国の公使などと交際する場である表には電灯をつけさせたが、住居を中心とする内裏にはつけさせなかったという。御座所や御局では西洋蠟燭にホヤをかけたものを灯し、書見をするときもわきに蠟燭を立てた。長い廊下には種油に灯心を入れた網行灯《あみあんどん》が十間おきに並べられていた。

明治六年に皇居が炎上してから、天皇は長らく元紀州徳川藩江戸屋敷であった赤坂離宮を仮宮として過ごしてきた。明治二十二年に還御した新たな皇居は、大勢の寄付やボランティアを得て新築されたものである。それで天皇は「この宮城は国民の真心からできたものであるから、万一にも再び火災になっては国民にすまない。表はいろいろな事情で仕方がないが、内裏だけは不自由でもしのんでいくことにしよう」と語っていたという。明治二十三年に帝国議事堂が漏電によって火災になったとされていたのを踏まえての発言である。しかし明治三十三年に観艦式で乗船した浅間艦の艦長室にあった電気扇風機が気に入ると、早速、御座所に取り付けさせている。ということは漏電を恐れたのではなく、灯火を電灯にすることを嫌った、あるいは忌んだのである。崩御まで、ついに内裏には電灯をつけさせなかった。電灯になったのは、近代的なものを好んだ大正天皇が即位してからだった。

なぜ明治天皇は、対外的なセレモニーの場には許した電灯を、身辺には許さなかったのだろうか。

能舞台の電灯

観世流二十三世宗家の能楽師、観世清廉《かんぜきよかど》が九段の能楽堂に電灯をつけたところ、不仲だった梅若実《うめわかみのる》から「神聖な能楽堂に電灯のようなものをつけるのは実にけしからん」と、厳重な抗議がきたという(「能楽堂に電灯をつけた清廉師」大槻清韻会『大槻十三』所収)。神聖な場所につけるのがいけないというのだから、電灯は不浄なものと考えていたのだろう。

ところがその梅若実も、明治三十八年に、ついに能楽堂に電灯をつけざるをえなくなった。それまでは、四角いガラス箱のなかに太い蠟燭を二本立てたものを場内の各所に配して照明としていたのだが、三菱財閥の二代目総帥、岩崎弥之助から「どうも舞台が蠟燭じゃ暗くていけない、電気をつけてやる」と言われた。もちろん、どうしてもいやだと断ったが、岩崎から「電気々々といってそういやがるな、あのガラス箱だって外国の物を使っているじゃないか」と説得され、ついに兜を脱いだのである(白洲正子『梅若実聞書』)。もっとも、その後でも「電灯をともさないときには、電灯線を舞台からはずすという手間のかかることをやって」いたという(「能楽堂に電灯をつけた清廉師」)。それほどに電気が不愉快だったのだ。

梅若はたんに外国から伝わったものだから不浄だと嫌ったのだろうか。確かな理由はわからない。しかし現代でも多くの人は、仏壇に蠟燭の代わりに電灯の灯明をつけることに味気ない気分を覚えるだろう。便利だし、火の用心を思えば、明らかに電灯のほうがいい。普段つけておくならそれでもいいかもしれない。しかし線香を手向けて手を合わせようというときには、蠟燭に火をつけずにいられないだろう。そうでないと「届かない」という気がする。能舞台でも、それに近い感覚があったのではないだろうか。「鎮魂の芸能」と言われ、「幽玄」を美学とする能にとって、電灯への抵抗は当然のことだった気もする。今日、鑑賞にも上演にも条件がいいとはいえない薪能が盛んに行われているのも、能楽堂から失われた、ゆらめく炎のもとで演じられる能の魅力のゆえでもあるだろう。電灯の便利さになれ、ネオンやイルミネーションの華やかさを喜びながらも、一方でなにかもの足りなさを覚えてもいるのだ。

明治天皇にとっては、そのような炎ならではのものが、絶対に欠かせないものと意識されていたのかもしれない。

清い水から生まれた電気

しかし神仏に供える灯明の電化は、案外早くから行われていた。

昭和八(一九三三)年発行の『誰にも役立つ国民の電気』(宝来勇四郎)には、「電気灯明」や「電気蠟燭」が「各地において高速度の流行」をしつつあると紹介されている。実際にどのくらい広まったのかはわからないが、そう書くからにはある程度は受け容れられたのだろう。著者の宝来は、神仏への御灯明には「種油でなければ御利益が薄いなぞと考へたのは昔のこと、いつの間にか蠟燭万能になったが、最近は更に電灯を用ひる」ようになったとして、これを「進化向上」とみている。なぜなら「動物の脂から造つた油煙の多い、而も火災の危険のある蠟燭などよりは、神聖無垢なる深山の水力で起した電気の灯りの方が、いかに神仏の御意に召すかは申す迄もない」からである。電気灯明は「清浄、安全、便利な装置」なのだ。

では、火力発電の電気の場合はどうなるのだろうか。昭和八年には水力による発電が主流になっていたからか、そのことは無視されている。

それはともかく、自然に逆らう邪法の産物とみなされていた「水から生まれた火」は、こうしてロマン主義的な深山幽谷の清浄イメージによって印象を逆転された。

そして、その清浄なイメージが忠実な下僕という性格へ転化されることもあった。

電気工学者の山本忠興が書いた『子供電気学』は、雷に驚いた子供たちが父親に電気についての説明を求めるところから始まる。子供たちには、「この激しい雷電と、自分達の家庭に天使のように仕えて、諸般の用を便ずる電気が、同じであるとはどうしても解しがたく」思われたのだ。そこから、荒ぶる雷の威力を手なずけ制御し、「天使のように仕え」させる科学技術の魅力が語り出される。

昭和十七（一九四二）年に刊行された竹内時男・岡部操『我輩は電気である』という本でも、「電気の働きをする源の微粒子」たる電子が語り手となって、「西洋で人間に発見されましたが、大和魂が大好きです。私の性質が大和魂に似ています。即ち正直、勇敢、責任観念が旺盛で、イザ鎌倉となれば、自分の身体を溶かしても、力の及ぶ限りの働きをします。熟慮断行という性質なんです」という自己紹介から始まる。電気は、ガスや水道とは違って、「大和武士のような召使」であり、だから使い方を間違えては人命にもかかわるという。危険なほどものすごい力を持っているが、正しく扱えば忠実な僕《しもべ》だというのである。

戦争の時代を感じさせる記述だが、本の内容は、電気の原理や発電、送電、電化製品の仕組み、使用上の注意などの、ごく常識的な解説である。そのなかで、発電所のある深山の風景の美しさを「絶景」「神秘境」と讃えたうえで、「かくの如き天地の正気の篭れる山河の清水により、我々電子は覚醒され、人間社会に御奉公しているのであります」などと書かれていたりもする。

電気や電気製品の説明をするなかに、電気を清いもの、従順なものとして印象づけようとする記述が紛れ込むのは、その反対の印象を打ち消すためだろう。大正二年に宇治川電気の営業員が、水力発電の電気が不審がられるのを逆手にとって、水で作った電気だから電灯の光が澄んでいると言って売り込んだのと同じである。つまり実際にはまだ電気を不安に思う人たちも少なくなかったからこそ、このようなことを書かねばならなかったのだ。

大正十四年に電気協会が募集した「電気が日常生活の向上のために最も適切なることを示すべき標語」のなかにも、「恐れな親しめ愛せよ電気」というものがある。「愛せよ」などと言われても困るが、このようにアピールせねばならないほどに恐れられていたのである。

実際、電気は恐ろしい害をなすものでもあった。そのことを強烈に印象づけたのは、漏電による火事、電線に触れるなどしての感電事故、電気を用いた殺人事件、アメリカで行われた電気椅子による死刑などである。電気の害に対する恐怖については章を改めて記したい。

第三章
何が帝国議事堂を燃やしたのか

帝国議事堂、焼失す

深夜の衆議院を巡回していた守衛は、院内に漂う異臭に気づいていぶかしく思ったが、深くは気にせず、見回りを続けていた。ところが資格審査室となっている第四十一号室の前に来たところで、臭気があまりにも強烈になった。何事かと見回せば、廊下の天井の隅で、蛍火のような青い炎が電灯線を伝って上下している。思わず「火事だ、火事だ」と叫びつつ、ただちに当直の守衛や巡査らに非常事態を伝えに走った。

明治二十四（一八九一）年一月二十日午前零時四十分頃のことである。

衆議院にいた誰もが急いでかけつけ、皆で火を消し止めた。

しかし、いったいどこから出火したのか。天井に火があったということは二階から伝わってきたのかもしれない。

急いで二階へ上がってみると、政府委員室の戸の隙間から臭気をともなう白煙が漏れ出ている。鍵のかかっている戸を破って入ってみれば、天井の西の隅の電線が通っているあたりに、やはり蛍火のような青い火が燃え、隅々の電線のある壁の間から白煙が吹き出していた。運んできたポンプでひたすら水をかけ続けて、今度もなんとか消し止めたかに見えた。しかし、なおあちこちの壁の隙間から白煙が噴出し、消えたと思ったところからもまた火がチラチラと燃えだす。白煙が室内に充満し、呼吸が困難になってきた。

もはやそこには居られず、一同は一階に降りた。議場はどうかと戸を開いてみれば、ここも各所の電灯線が発火し、白煙がたちこめている。議場に備え付けのポンプで消火にあたったが、四方の電灯線が発火して火勢は激しく、天井裏はもう一面の炎、室内は煙が充満して、息もできない。もはや消火は無理と判断し、せめて書類だけは運びだそうと、皆は必死の搬出作業にとりかかった。

帝国議事堂はペンキ塗装の木造二階建てだったから、火の回りは早い。火勢は猛烈になり、窓から無数の火の粉を吹きだし、まもなく貴族院も炎に包まれた。消防本部や各分署からかけつけた消防夫らが蒸気ポンプを使って放水したが、すでに燃え盛っている炎の勢いは衰えることなく、みるみるうちに両院ともを焼き尽くしていく。

鎮火したのは午前五時頃。衆議院の正面玄関だけが黒焦げになって残っていた。書類はなんとか大部分を運び出せたが、消火にあたったうちの何人かが負傷した。

火元は電灯だったのか

こうして帝国議事堂は焼失した。

議事堂が竣工したのは、その二ヶ月ほど前、前年の十一月二十四日のことである。エンデとベックマンによる官庁集中計画が予算の大きさから無理として中止されたため、現在の経産省がある敷地に、仮の議事堂として建てられたもので、初めての帝国議会が招集される十一月二十九日にぎりぎり間にあわせての竣工だった。

設計はドイツ人建築家アドルフ・ステヒミューラーと臨時建築局の技師吉井《よしい》茂則《しげのり》で、仮の議事堂とはいえ、立憲主義、議会制による新たな日本の政治の中枢となりシンボルとなるべき建物だった。それが竣工からわずか二ヶ月にして、第一回帝国議会の会期中に、すべて灰燼に帰してしまったのである。

先に記した火災時の様子は、明治二十四年二月七日発行の『帝国議事堂焼失の顛末』(大石常三郎)と、同年一月二十一日の『東京日日新聞』に掲載された帝国議会派出警部二名の始末書をおもに参考にした。これらの記述からは、現場にいた人々が火は電線から発したものと確信していたことがわかる。警部の始末書は「全く電気の作用より発火したるものと認候」と結

小林清親「帝国議事堂炎上之図」国立国会図書館蔵

ばれ、十七日頃から貴族院議員正門の門柱上の電灯が消灯後も赤かったので故障ではないかと怪しんでいたという別の巡査の証言まで付されていた。

この日の午後、議会が招集され、貴族院は華族会館（旧鹿鳴館）、衆議院は東京女学館（旧工部大学校）を仮議場として、善後策を協議したが、そのさいに書記官が朗読した始末書でも、政府委員室の電灯線が高熱になって発火し、その火が他の電灯線に移って手に負えなくなったのだと、火災の原因が説明されていた。

その報告は官報号外でも公示され、人々の電気に対する警戒心は一気に高まった。

宮城内では、アーク灯の街灯を除いて、すべての電灯の使用が中止された。各宮家、各官庁、そして一般需要家も、次々と電灯を解約した。一月二十七日の『都新聞』によれば、吉原では、もともと高価な電灯料金に困っていたのだが、今更やめるのも見栄えが悪いからと我慢していたところに、議事堂焼失の原因が漏電だと聞いて渡りに船とばかり、「彼は議院、此は妓院、転ばぬ先の杖だなどと妙な処へ理を付て」、続々と解約し、大店のほとんどが石油ランプに取り替えたという。

こうして東京電灯は、それまでの灯火契約数の四分の一以上を失ってしまった。

東京電灯会社が明治二十三年に出した『電気灯案内』という営業案内では、石油ランプやガス灯について、炭酸ガスや煤、臭い、熱などの欠点があることを延々とあげつらったうえで、対して電灯は「清鮮なり」「衛生上に害ある毒氣を醸生することなし」「悪臭なし」と褒めあげ、「石油灯は燃え移り易きために火事を出す恐れあれども、電気灯は火を発することなく、安全なるものなり」と、その安全性もアピールしていた。だが帝国議事堂の火災は、そのような宣伝の効果を一気に帳消しにしてしまったのである。

電灯の普及に脅威を覚えていたガス灯や石油ランプの業者にとっては、巻き返しのチャンスだった。「無双安心油」という名の灯油を販売していた東京石油改良社は、「電気灯は議事堂を焼けり」という見出しの元に「当時流行物たる電気灯は実に恐るべき功能を世人に識《し》らしめたり」と記した新聞広告を、二十二日の『時事新報』に出した。そこには「昨年は大阪に於いて人命を奪い、東京にては当市の飾物たる鹿鳴館を焼かんとし、ついに今回は我が神聖なる帝国議事堂を烏有に帰せしめしのみならず、緊要欠くべからざる議事をも妨げたり」と、電気の事件が並べられている。大阪で人命を奪ったというのは、火災の消火にあたっていた消防夫が千ボルトの高圧線にふれて感電死した事件である。

これに対抗すべく横浜共同電灯は、二十五日の『時事新報』に、「電灯より出火せしにあらず、電灯は火事の為に焼かれたり」という見出しの広告を出す。自社の調査によって火元は電灯線ではないと結論したので安心してほしいと訴えた広告である。だがそれは、たんに電気は無実だ、安全だと言い張っているだけのように見える。

東京電灯会社は、ただちに臨時取調局を設置して火元の調査にかかった。同時に、衆議院書記官長の曾禰荒助《そねあらすけ》に対し、官報号外に掲載された報告書の訂正を要求する。状況から見て電線が原因とは考えられず、この報告が正しいとされては、東京電灯はじめ全国の同業者への打撃は計り知れないので、もう一度よく調査して報告書を訂正してほしいと訴えたのである。

書記官長からの返答は、再度入念に調査してみたが失火の原因が漏電であることは明らかなので訂正の必要なし、と突き放すものだった。曾禰は、消火活動中に貴族院の様子を見に行ったが、そこで怪しく思って各部屋の戸を破ってみると、点けてもいない電灯がひとりでに点灯し煌々と部屋を照らしていたという。曾禰は、このような自らの体験をも記して、報告書の訂正はできないと回答したのである。このやりとりは新聞にも掲載されたから、読者はいっそう電気への恐れを深めただろう。

東京電灯は、なお報告書の訂正を求めて、曾禰を東京地方裁判所に提訴する。だが三月三日に下された判決は、たとえ原告の利益を損なおうとも、官吏が職務として内閣に報告するのは当然のことで、それを訂正させるような訴権はないというものだった。

東京電灯は敗訴した。だがそれは報告書の訂正の可否についての判決であって、火災の原因そのものを問うた裁判ではない。だから東京電灯は、漏電が原因だとは断固として認めなかった。東京電灯以外の電灯会社も、電気学会の学者たちもこぞって、電気の無実を講演や新聞広告などで強く主張した。

たしかに目撃者の証言には、電灯が火元だと決めつけて見ているような印象もある。電灯が勝手に一斉についていたなどということは、異常なことではあるが、漏電によって起こる現象ではないだろう。東京電灯会社設立の起案者であり技師長の藤岡市助博士は、一月二十三日の『時事新報』に、青い炎が走っていたとされる場所に電灯線はなく、また電灯線は天井や床下にあるので見えないはずであるなど、報告書への疑問点をあげて、電気が原因ではないと主張していた。電灯が点灯していたというのも、開閉器の誤操作ではないかと推測している。

藤岡の言う通りなら、目撃者たちが出火を過剰に電灯線と関連づけて見ていたと考えられなくもない。だが、他に火元と考えられるものがあったわけでもなかった。当事者である電灯会社がいくら無実だと主張したところで、電灯への恐怖は鎮まりはしない。その恐怖は電話にも向けられた。二月三日の『郵便報知』は、議事堂焼失以来、電灯だけでなく電気作用物すべてに恐れを抱く者がはなはだ多く、電話加盟者が専門技師に「電話加盟者のなかにコレラ患者が

いたら伝染するのではないか」「電話から火は発しないか」と質問してくるほどになっている
と伝えている。

そのように電気への恐怖が高まっていたさなかの二月十七日、なぜか東京市会で松田秀雄議員から、市内のガス灯を全廃して電灯に換えるべしとの意見が出される。光力の強弱や価格を比べれば、電灯にしたほうが経済的だというのである。

あまりにも奇妙なタイミングでの提案だった。世間では続々と電灯が解約されていたのである。東京女学館を仮の議場とした衆議院の灯火も、電灯をやめてガス灯を使うことが決議されていた。そのような状況に危機を感じた電力業界から議員への働きかけがあってのことだったのだろうか。

当然ながら、東京ガス会社は激しく反発した。そこで市会では、「瓦斯灯《がすとう》電気灯調査委員」を設け、実地の光力試験によってその可否を決するということになる。八月、京橋と日本橋の間で十五日間にわたって、アーク灯、白熱電灯、ガス灯の光力試験が行われた。しかし勝負はつかなかった。最初に出された結論に電灯会社側が不満を唱えて再試験を申し入れたのだが、なぜか会社の都合で中止になったのだという。当時の電灯は、明るさでも料金でも、ガス灯より優れていたわけではなかったから、不利をさとった東京電灯が結論をうやむやにすることを選んだのかもしれない。

翌年の三月、市会はガス灯を従来通り点灯することに決定し、四月には市参事会とガス会社との間で、既設のガス灯については向こう十年間、新設分については十五年間の点用契約が結ばれる。その後、ガス会社は株価が急落するほどの大胆な料金値下げを断行し、電灯に対抗していくことになる。

電気への恐れが蔓延するなか、電気学会では、総会などでの講演や学会誌への投稿などで、出火原因は電気ではありえないとする主張が行われた。『東北の電気物語』のなかで議事堂焼失事件の項を執筆している深津正は、このときの講演録や会誌掲載の記事を電気学会で一読する機会に恵まれたとして、「一言忌憚ない感想を言わせてもらえば、当時の業界や学会の要人が、ひたすら斯業、斯界の一大事とばかり、実地に即した調査に基づく説得力のある弁明を行わず、ただ原則論だけを踏まえて、『漏電の事実なし』『電気は安全なり』の文句をヒステリックに声高に唱えているのが、なんとも物足らない感じがした。もっとも、『電気は安全でない、従って今後こんな危険なものを使うべきでない』といった当時の民衆の短絡した発想に対応するためには、こんな行き方もある程度やむをえなかったのかもしれないが」と記している。現代の原発事故後の電力会社や学者たちの対応の雛形がすでに見られたようだ。

電灯会社は、営業を始めた頃、石油ランプやガス灯を敵とした。それらの欠点をあげつらい、電灯の優秀さをアピールした。なかでも石油ランプが火災のもとになりやすいということは、重要なポイントだった。

郵便はがき

恐れ入りますが、52円切手をお貼りください

101-0051

東京都千代田区
神田神保町 1-11

晶文社行

◇購入申込書◇

ご注文がある場合にのみご記入下さい。

■お近くの書店にご注文下さい。
■お近くに書店がない場合は、この申込書にて直接小社へお申込み下さい。
送料は代金引き換えで、1500円(税込)以上のお買い上げで一回210円になります。

宅配ですので、電話番号は必ずご記入下さい。
※1500円(税込)以下の場合は、送料300円(税込)がかかります。

(書名)	¥	(　　)部
(書名)	¥	(　　)部
(書名)	¥	(　　)部

ご氏名　　　　　　　　㊞　TEL.

ご住所 〒

晶文社　愛読者カード

お名前《ふりがな》　　（　　歳）　ご職業

ご住所　〒

Ｅメールアドレス

お買上げの本の
書　　名

本書に関するご感想、今後の小社出版物についてのご希望などお聞かせください。

ホームページなどでご紹介させていただく場合があります。（諾・否）

お求めの書店名		ご購読新聞名	

お求めの動機	広告を見て（新聞・雑誌名）	書評を見て（新聞・雑誌名）	書店で実物を見て／晶文社ホームページ〃	その他

ご購読、およびアンケートのご協力ありがとうございます。今後の参考にさせていただきます。

たしかに当時、石油ランプからの失火は多かった。警視庁消防本部の報告では、明治十九、二十年の二年で東京府の火災の総件数九二三件のうち、一一八件が石油ランプからの出火だったという。電灯会社の主張にも納得のいく数字だろう。

しかし、その頃、電灯はまだ普及していない。電灯との比較はできないのである。はたして電灯は安全なのか。それがわかるのは、電灯が普及してからだ。

大阪市南消防署が大正十三（一九二四）年に発行した谷口磐若麿『火災の原因と予防』という冊子では、火災の原因について解説する最初の項目に電気があげられ、「電気に依る火災は忽ち家屋に拡がるを例とするが故に少し計りの損害で済まぬのみでなく、防御上非常の困難を来し大火災となる場合が多い。有名なる商店、大会社、工場其の他発電所等の火災が此の電気関係に依る様に思わるゝ節が充分ある。而して何れも其の火廻りが疾風迅雷的に延焼せしことは附近住民の口を揃えて奇異とせし事実に徴するも想像することが出来るであらう」と記されている。

電気による火災は、火回りが早く、大火災となりやすいというのである。

では、件数はどうか。

昭和六年の『警視庁統計一班』によれば、管下の火災の合計一二八九件のうち、漏電によるものは五〇件、さらに電灯、焜炉、その他とあわせて一七件、すなわち電気関係だけで九六件となっている。放火の一八一件や不審火の一八八件、煙草の吸殻の一一六件という破格に多いものを別にすれば、火鉢の五一件、ガソリンの六一件、煙突の七四件、焚き火の四四件、竈の三七件などを上回る大きな割合を電気が占めていた。ライバルのガスは、焜炉が七、ガス漏れが三、引火が一一、その他が一一で、合計三二件にすぎない。石油にいたってはわずか三件である。使われている数が逆転した結果だろう。

このときの電気関係による失火の割合は、かつての石油ランプによる失火の割合とそう大きく違わない。こうしてみると、議事堂が焼失した後で電灯会社がやたらと電気は安全だと主張したことは、やはり空論だったと言えるのではなかろうか。電気はそう安全なものではなかった。かりに誤った使い方をしたための失火が多かったのだとしても、電気は安全だというアピールとの齟齬は否定できない。石油ランプにしても使い方に過ちがなければ火災にはならないのである。

先に引用した「実地に即した調査に基づく説得力のある弁明を行わず、ただ原則論だけを踏まえて、『漏電の事実なし』『電気は安全なり』の文句をヒステリックに声高に唱えている」という態度は、けっして「民衆の短絡した発想に対応するためには、こんな行き方もある程度やむをえなかったのかもしれない」とは言えなかったのではないだろうか。安全で衛生的だとばかりアピールした者たちは、それに反する負の面が現れたときに、その事実を否定することしかできなくなる。それはまさに今日の問題でもある。

電灯会社は、ひたすら電気のイメージ回復をめざした。自社や業界の将来がかかっていると必死だった。だが、自己防衛のための宣伝よりも、本当に安全だと言えるかどうかを自ら問い直すことが先にあるべきはずだった。そこを曖昧にした甘さには、電灯事業は新時代を拓く重要な事業なのだという傲りがあったのかもしれない。また「短絡した発想」をする大衆を侮る傲慢さが、身勝手な啓蒙の欲望を奮い立たせもしただろう。この事件は、電気事業に関わる者たちの「電気知らず」への軽侮がもっとも顕著に現れた事例だったのかもしれない。

ふたたびの火事に救われる

帝国議事堂の火災の火元は不明なままとなった。書記官長の報告書が訂正されなかった以上は、今でも公式には漏電が原因とされているだろう。だが電気に関する書籍を見れば、ほとんどがそれを冤罪であったかのように記している。実際のところは不明としか言いようがない。ただ結果として電気は普及し、石油ランプやガス灯はほとんど消えた。その勝者の立場から、電気を危険視した人々が間違っていたかのように語られている。

では、いかにして電気は復権していったのだろうか。

電気への恐怖がなお強まっていた三月に、貴族院および衆議院の議長官舎に電灯がつけられることになった。会社側からの働きかけがあってのことかもしれない。東京電灯は三月十九日の『東京日々新聞』で、この電灯敷設を命ぜられたことを知らせ、ゆえに「電灯の安全なる事を電灯需用者諸君に公告す」という広告を掲載した。政府が安全と認めたのだと印象づける作戦だ。むろん最大のイメージ・アップは皇居にふたたび電灯がつくことである。東京電灯は、皇居への再点灯を願う陳情を何度も繰り返した。

東京電灯は、明治二十三年以来の不況のなかで、帳簿上の疑惑が株主たちから追求されるなどの問題も生じ、経営が揺らいでいた。そこに帝国議事堂の火災である。吉原一帯の巨額の未収金がかさみ、業績に疑惑を抱くものが多くなり、株価は日々に下落して、「全く収拾すべからざる惨状」(『東京電灯株式会社開業五十年史』〈以下『五十年史』と略す〉)にいたる。そこで減資、社長以下の全役員の総辞職、事業整理と手を打った。しかし皮肉なことに東京電灯を救ったのは、再びの火災だった。

明治二十四年十一月二十七日夜に、またしても衆議院で談話室より出火し、あやうく全焼しかけたのである。先の議事堂が焼失した後、吉井茂則とドイツ人建築家オスカール・チーツェが設計し、昼夜兼行で工事を進めて十月三十日に竣工したばかりの第二次仮議事堂であった。

今度の火元ははっきりしていた。暖炉からの出火だった。つまり電気とは無縁だった。このことが電気を復権させたのである。理屈で考えれば、それは電気の安全性の如何とは何の関係もない。だが、電灯会社の関係者は大喜びした。

「ここにようやく当社をはじめ斯界の前途に対し一大光明が投ぜられるに至った」と、『五十年史』は記す。この火災によって「電灯は必ず火を発するものにあらず」と世間に理解され、電灯への不安がようやく除去される機会を得たというのである。以後、いったん廃灯した需要家たちも徐々に再点灯していった。二十四年度下半期の考課状にも、この火災について「各位と共に之を慶せんとす」と記された。『五十年史』のこのくだりの小見出しは、「再度の失火と社会の覚醒」である。電力企業は、つねに啓蒙者として社会に対するのだった。

電灯会社の大流行

日本最初の電灯会社である東京電灯株式会社が正式に開業したのは明治十九（一八八六）年七月のことである。以来、各地に続々と電灯会社が開業した。明治二十二年一月十八日の『東京日日新聞』は、「最も流行中の流行とも云ふべきは電燈会社の設立」と記している。電灯会社は明治三十六（一九〇三）年には六〇社にも達した。

しかし一般家庭に電灯が急速に普及し始めたのは、都市部では明治三十年代の後半、全国的には大正時代になってからのことだった。それまでは、電灯会社は電灯の売り込みにひどく苦労していた。最初から誰もが進んで電灯をつけたがったわけではなかったのである。

その一因は、電灯料金が高すぎたことだった。東京電灯が開業する直前の明治十九年五月二十三日の『東京日日新聞』には、電気灯が種油や石油、ガス灯に比べて安価なことはすでに欧米での実例を見ても明らかで、「瓦斯にて一銭を要するものは、電気燈を以てせば僅か三厘位にて充分なりと云ふ」と、電気がものすごく安いものだと伝える記事が出ていたにもかかわらず、開業してみれば実際には十燭光の電球で夕方から午前零時までつく半夜灯が月額一円。朝までつく終夜灯は一円七十銭。とんでもなく高かった。

週刊朝日編『値段史年表』によれば、白米は明治二十年で一〇キログラムあたり四十六銭。日雇い労働者の平均賃金は明治十八年で十六銭、二十五年で十八銭。明治十九年の小学校教員の初任給が五円である。一円という電灯料金は、庶民に払えるような金額ではなかった。

十燭光の電球は、八分芯にした石油ランプ二個分に相当する明るさにすぎない。しかも点灯時間や火量を調整すれば節約できるガス灯や石油ランプとは違って、あまり点灯しないでいたとしても料金は変わらない。

そのくせ、給電は不安定で、しばしば停電した。復旧にも時間がかかりがちだった。そして前章で記したようなエレキへの警戒心が一部に強くあり、さらに帝国議事堂の焼失によって危険視する風潮が一気に広まった。

こうした理由から、電気供給が始まっても、誰もがすぐに電灯に切り替えるということはなかったのである。夏目漱石も、電気代が無駄だからと長らく石油ランプのままにしていたという。ガス灯は、料金が大幅に値下げされ、炎にかぶせるマントルの発明によって格段に明るくなったので、なおしばらくはガス灯の優勢な時期が続く。ところによっては電灯会社が開業した後からガス会社が営業を始めたにもかかわらず、ガス灯のほうが広く普及したという地域もあったくらいである。

したがって電灯会社はどこも顧客の開拓に苦労した。

たとえば、明治二十二年に創立した横浜共同電灯会社（後に東京電灯会社に合併）は、すぐに経営難に陥り、社員の更迭、整理を繰り返している。明治二十五年には重役の刷新が行われたが、その頃は契約者が少なく発電機の三分の一しか稼働していないという状態だったのみならず、停電が多かったため契約者にも支払いを拒む者がおり、むろん解約も少なくなかったという。

そこに横浜正金銀行から新たな支配人として迎えられた上野吉二郎は、経営を立て直すべく、大口顧客として横浜遊郭に狙いをつける。夜の商売で灯火を多く使ううえに、一区画まとめて供給できるという都合のよさがあったからである。

しかし、社員が遊郭を仕切っている親分たちを訪れても、まるで相手にされない。そこで上野が直談判に行くことにした。

上野の伝記によれば、その頃の遊郭を牛耳っていたのは「ナンバナインの名で世界に名を売っていた神風楼（山口トメ氏）、百万長者の二葉楼（原田久吉氏）、大親分の勢州楼（矢島幸三郎氏）等」であったが、上野は「何と言っても腕の世界のことであるから、中でも男を売つて居る、勢州楼の親分に頼むことが一番い、と見当をつけ」たという。

上野は勢州楼の主人に「いま使っている石油と同額で電灯を点けさせてほしい、その代り郭内では一軒残らず電灯を使うことを約束して貰えないか」と談判した。

矢島親分はまるで受けつけない。

くじけずに上野は、「石油ランプを使っていて万一にでも火災になって拡がれば遊郭全体が他へ移転せざるをえなくなりますよ」などと説き続ける。そのうち徐々に親分は話に誘われ始め、いつしか雑談を交わすようになった。生国を問われた上野が、宇都宮出身で実家は本陣問屋であったことを話すと、親分はびっくりして、「実は俺も昔、宇都宮あたりをぶらぶらしていたことがあるが、そのとき作平という方に世話になつたことがある。それがお前さんのおじいさんであったか」と、いっきに打ち解け、「それじゃ何とかしようじゃないか」ということになった。

仲間の「オカメの金太」や子分の「モーリンの亀」という幅の利く男たちも一緒に骨を折り、郭内一円に「今後石油ランプを使はぬ事」という申し合わせができて、電灯がともされた。料金は石油よりちょっと高い位の格安ではあったが、月々のまとまった収入ができたことで経営の基礎が固まったという（『上野吉二郎伝』）。

浪花節めいた場面だが、ここでもやはり石油ランプによる火災が説得の材料にされている。ただし親分はそんな理由では動かなかったようだ。

多くの電力会社が創業時には同じように、遊郭を大口需用者として期待していた。なにしろ「不夜城」である。しかし、どこでも横浜のようにうまくいったわけではない。

電灯では花代が計算できない

明治二十二年に営業を始めた京都電灯会社では、開業前に電灯とはどのようなものかを宣伝するため、さまざまな工夫をこらしていた。たとえば都踊りの照明に電灯を六十四個、三週間にわたって点灯して、評判になっている。開業式では、会社のまわりの小橋や通りを電灯やイルミネーションで飾り、門内に電灯を仕込んだ造花の牡丹畑をしつらえ、模擬店の氷屋台に電灯入りの金魚鉢を吊して、「付近一帯を一大不夜城にして美観を呈した」。期待通りの大盛況となり、来館者が殺到して会社正門の柵が壊れたほどだったという。

それにもかかわらず、いざ営業を始めると、社をあげて勧誘に努めても一日に一灯の申し込みを受けることさえも難しいという有様で、「殊に祇園とか先斗町などは率先して点灯するものと期待していたに拘らず、当時の郭は花代を蠟燭で計算する習慣であった為に、電灯にすると計算の方法がつかないというのと、又電灯の明りの下では芸妓の顔が青ざめて死顔に見えるとか、種々様々な噂があって中々点灯するまでに行かなかった」という（『京都電灯株式会社五十年史』）。

遊里では、蠟燭は照明であっただけでなく、その燃え尽きるまでの時間によってタイマー代わりにもなっていたのである。電灯では顔色や着物の色が悪く見えるという点は、もっとも需要が期待された花街や商店街でこそ大きな欠点とされることだった。

やはり火災によって救われる

同じ明治二十二年に開業した大阪電灯会社でも、料金の高さや給電の不安定さが主要因ながら、やはり電灯の光では呉服が安物に見えて商売がさっぱりだという評判が不人気に輪をかけ、まるで契約が取れなかったという。開業日までにとれた契約数はわずか一五〇灯にすぎなかった。

その三年前に日本紡績の工場に電灯がついたときには五万人もの見物人が集まったことから、

大阪電灯では契約数をずっと大きく皮算用していた。開業と同時にすでに危機状態だったのである。それには東京電灯による妨害工作も影響していたのだが、それについては次章で記すことにする。

大阪電灯は大あわてで、会社の門前に金魚を泳がせたガラス容器に電球を入れて吊し、「これ、この通り消えません」と宣伝したり、社長はじめ役員らが親類や知り合い、富豪の家々を勧誘に回ったりした。技師長も、千日前や道頓堀、遊郭のある松島など繁華街の大道で香具師よろしく電球をともす実演をして見せ、普及につとめたという。

だが大阪電灯の苦境を救ったのは、そうした努力ばかりではなく、じつは大阪の火災だった。明治二十三年九月に石油ランプの不始末が原因で西区の新町一帯を焼き尽くした大火（「新町焼け」）があったのをきっかけとして、契約が一気に伸びたのである。明治四十二（一九〇九）年にも石油ランプの不始末で「キタの大火」があり、そのまた三年後には「ミナミの大火」が続いて、そのたびに大阪電灯は需要を伸ばしたので「大電の焼け太り」と言われたという（岡本終吉『岩垂邦彦《いわだれくにひこ》』『百年の大阪』第二巻）。

電灯会社は、いかに電灯が石油ランプやガス灯よりも安全で衛生的で優れているかを宣伝してきた。この火災は、その実証として最大限に利用されたのである。

明治末頃の大阪では（大阪に限らないかもしれないが）、石油ランプの門灯も「ガス灯」と呼ばれていた。夕暮れになると、脚立を担いでマッチの軸を二、三本くわえた若者が、「ガス灯」

に火を付けて回った。そのガス会社がもはや電灯に勝てないとみてか、大阪電灯に二万灯余の権利を買ってくれと申し込んできたという。しかし、それがやぶ蛇になった。門灯の取付け費用などたかがしれていると、大阪電灯では門灯の無料取り付けを始めたのである。ガス屋は驚いて「脅迫状をよこすやら失業問題で騒ぐやら」したので、無料取り付けの発案者の木津谷栄三郎は「一時は夜歩きも出来なかった」が、「この瓦斯灯征伐―当時瓦斯灯征伐と云ったは大成功で、とってもよく出た――一遍に一万灯位増えた」という(木津谷栄三郎「勧誘と普及」『大大阪』第一五巻第五号)。

「征伐」とは、ランプが火災の火元になるということを踏まえての言葉だっただろう。また、古いものを駆逐するという意味もあったかもしれない。

こうして電灯は灯火の主流となっていった。電灯は当初、それ自体の魅力によって広まったというより、石油ランプを危険なものだとおとしめることで広まっていったようにさえ見える。だがその危険性は、先に見たように電気も同じようにはらんでいたものだ。議事堂焼失事件のうやむやな結末の気持ち悪さは、このような「焼け太り」への割り切れない感じにつながっている。電灯が普及したという結果から石油ランプは悪者にされているが、「勝てば官軍」の論理ですべてが語られているにすぎないのではないだろうか。電気を使う生活に慣れきっている我々もまた、そのような語りに疑問を覚えることがない。それは東京電灯の『五十年史』の言う「社会の覚醒」の結果であろう。

第四章　東西対決と電気椅子

一　電流代理戦争

議事堂焼失と電気協会の設立

帝国議事堂焼失事件は、東京電灯だけでなく、全国の電灯会社の危機だった。電気を危険なものだとみなす風潮がこのまま強まれば、電力業界全体が立ちゆかなくなってしまうだろう。そこで、東京電灯の技師長、藤岡市助《ふじおかいちすけ》の主唱により、明治二十五（一八九二）年五月に日本電灯協会（翌年に日本電気協会と改称）が設立された。協会の最初の仕事は、電灯を廃止した宮城に再点灯するよう請願することだった。宮城が電灯を廃したことは、電気が危険なものだという観念を強固にし、ガス灯や石油ランプ業者からの逆宣伝にも説得力を与えている。電灯協会の名義で請願が行われ、明治二十六年六月、ついに宮城にふたたび電灯がともされた。この再点灯は「電灯普及上至大の効果を見たり」と、『電気協会十年史』は記している。
この協会ができるまで、東京電灯と大阪電灯とは対立していた。東京電灯が、大阪電灯の採用した交流電気を危険なものだと激しく非難し、営業を妨害していたのである。それが共通の危機を迎えて、いわば手打ちとなったのだった。

岩垂邦彦、エジソンを裏切る

藤岡市助
(『東京電灯株式会社開業五十年史』より)

藤岡市助は、電気学界の権威であり、電気事業界の雄として、絶大な権勢を誇っていた。明治前期の電気学も電気技術も学んだ者の少なかった時代に、この元帝国大学工部大学教授は、白熱電球の製造など、次々と日本初のあれこれを実現していった。東京電灯創立後には、各地に続々と電灯会社が誕生したが、その大部分が藤岡市助に技術指導を頼っていた。藤岡は設計や監督を引き受けたが、すべてを自分の思う通りにさせねばすまなかったと

岩垂邦彦
（『大大阪』第15巻第5号より）

いう。東京電灯と同じ方式ということでもある。『電気学会五十年史』には「本邦電気事業の一切は、博士が創始者として関与せざるものほとんどなく」と記されるほどの功労者だったが、反感をもつ人もあったのは当然だった。

次第に彼は電気界の大御所的存在と化していった。

そして、彼の勢力が電気界に増せば増すほど一面では彼の行動が奔放になり、彼の性格と相俟って、これをこころよしとしない一群の人々が出現することになった。

と、『岩垂邦彦』（岡本終吉）は記している。明治二十年、大阪に電灯会社の設立を計画した鴻池《こうのいけ》善《ぜん》右衛門《えもん》や住友吉左《すみともきちざ》右衛門《えもん》ら関西財界人たちは、藤岡の「高圧的な権威に屈することをいさぎよしとしなかった」というのである。鴻池や住友のような江戸時代から大坂で発展してきた財閥としては、東京への対抗意識もあった。東京電灯の風下に立つことを嫌ったのだ。

しかし、藤岡に太刀打ちできるような技術者がそうそういるわけもない。人選が暗礁に乗り上げたところで、工部省を辞職し、アメリカに留学してエジソン・ゼネラル社で学んでいる岩垂邦彦の名が候補にあがった。

明治二十一年、二人の使者が岩垂を訪ねる。岩垂は、遠路を訪れた使者に感銘し、またその反骨の気概にうたれて、事業への参加を承諾した。また岩垂には、発電機をはじめ、設備する装置一切の購入も一任された。

その頃アメリカの電気事業界では、直流電気と交流電気のどちらがよいかという論争が起こっていた。エジソンによる直流システムがすでに普及していたところに、ウェスティングハウス社の交流システムが台頭してきたため、エジソンはあらゆる手段で交流の危険を訴えていた。岩垂は、そのエジソンの会社に勤務していた。そこで給与を得ながら、知識や技術を学ばせてもらっていた。恩義はあった。しかし交流には、遠距離送電でのロスが少なく、また電線を細くして安価にできるというメリットがある。岩垂は、交流を選んだ。トムソン・ハウストン社という小さな会社から、発電機や付属装置を購入し、あわせてこの会社の製品の日本での一手販売権をも取得した。交流の将来性を見通していたのである。

この裏切りに、エジソン・ゼネラル社は激怒した。それは日本人すべてに対する不信感となり、以後、日本人留学生の受け入れを拒絶するようになったという。

帰国した岩垂は、わずかな資本と人員で、事務所や発電所の土地の買収から、顧客の勧誘にいたるまで、ほとんどすべての実務にたずさわった。そして明治二十二年五月、道頓堀発電所が落成する。

岩垂は、いずれ東京電灯から攻撃があるだろうとは予想していた。だが、それは「思ったよりも早く、また思ったよりも陰険な方法」であった（『同前』）。できたての脆弱な会社に、すでに盤石の大組織がしかけてくるには、あまりにも強圧でもあった。その「攻撃の鋭さは、攻撃の多様性と共に、岩垂邦彦の事業を根底からたたき潰そうとする意図を秘めているかのようであった」という。

案の定、交流方式の危険が宣伝され、大阪電灯の需用者には、「大阪電灯の電線は危険だ。これを引込む家にはわざわいが訪れるであろう」という警告が発せられ、時には卑近な例を引いて、「この電線で人間テンプラができあがる」といったたぐいの脅迫までがなされたのである。

悪質な流言は大阪電灯の株主にも向けられ、「大阪電灯の事業は数年を出でずして失敗し、その株価は無価値となるであろう」といった予言が喧伝され、これによって株主の動揺を期待する心理作戦が展開されたりした。

二章で引用した、道頓堀の発電所前を通る人がエレキの前と怖れたというのは、もしかしたらこの宣伝が効いていたせいでもあったかもしれない。

岩垂らは、前章で紹介したように、粘り強く営業活動を続けた。岩垂が繁華街の大道で香具師よろしく実演して回ったのも、その安全性を伝えるためでもあった。

東京電灯は、少しずつとはいえ顧客を増やしていく大阪電灯に業を煮やし、ついに大阪へ殴り込みをかける。大阪電灯のすぐ近くの難波新地に発電所を建設して、営業を始めたのだ。なんとしても潰す気である。

そうなれば価格競争にならざるをえない。そこで岩垂は、原価を下げるため、安価な満州炭を輸入した。大阪の船舶輸送の便を活用したのだが、これは当時としては大胆な発想だったという。そしてここで、交流の強みが生きた。直流は、遠距離送電するにはロスが大きく限界があり、供給区域が広がれば発電所を増やすしかない。交流は、遠距離でも送電ロスが少なく、電線も直流より節約できる。つまり供給区域が広がれば、交流のほうが原価が安くなるのである。

殴り込みは失敗に終わった。

この年、岩垂は、交流理論についての報告を電気学会に提出し、「岩垂報告書」の名でセンセーションを巻き起こした。むろん藤岡市助は「彼の理論を危険極まりないものと非難し、エジソン・ゼネラル社で教育を受けたものとしては、許すべからざる反逆者として排撃し続けた」という。東京電灯はエジソン・ゼネラル社の装置を購入していただけでなく、代理店契約も結んでいた。藤岡が指導して新設される発電所はみな、それを購入したわけである。

一八九二年、エジソン・ゼネラル社とトムソン・ハウストン社が合併し、ゼネラル・エレクトリック社となった。ゼネラル・エレクトリックは積極的に交流システム事業を拡大していく。合併に反対していたエジソンは、社名から名前を外されたことに憤激して、重役を辞任した。

この年、日本では、電灯協会が設立され、東西の電灯会社が手打ちした。代理戦争も終結したわけである。そして東京電灯は、高圧交流式の浅草火力発電所の建設に着手する。発電機は、石川島造船所で製造した単相交流式発電機を据えた。アメリカでも一〇〇キロワット以上の発電機の製造は難しいとされた時代に二〇〇キロワットという大きな発電機を国産化したことが自慢だった。しかし、この発電機は故障が多かった。

そこで藤岡は、ドイツのアルゲマイネ社の三相交流式発電機を注文した。出力は二六五キロワット、そしてドイツの周波数は五〇ヘルツなので、この発電機も五〇ヘルツだった。大阪電灯は、ゼネラル・エレクトリック社の発電機を輸入していた。アメリカはほとんどが六〇ヘルツである。それで関東は五〇ヘルツ、関西は六〇ヘルツというふうに、なんとなく色分けができていった。当時は周波数の統一の必要性は考えられておらず、ただ輸入した機械を使うというだけで、あまり周波数のことは意識されていなかったともいう。

しかし、これまで激しく交流を攻撃してきた藤岡が、世界的な趨勢であったとはいえ、交流に屈したのである。そこで大阪とはちょっと違う最新の方式を採りたいと思ったとしても当然だろう。三相交流発電機の稼働は、これが日本初だったという。それにゼネラル・エレクトリック社は大阪電灯に販売代理権を与えていたから、その発電機を使うなら、大阪電灯を通じて購入することになったはずで、それにはたぶん抵抗があったのではないかとも思われる（明治二十八年にはG・Eの販売代理権は大阪電灯を離れた岩垂邦彦個人のものとなる）。

藤岡の意地であったかどうかはともかく、その発電機の選択が、今に続く周波数問題の起源となったのである。

周波数の統一が問題とされるのは明治末頃からで、逓信省は五〇ヘルツに統一すべしと唱えた。大正六（一九一七）年に大阪電灯が春日出《かすがで》に火力発電所を建設したさいには、五〇ヘルツにせよという強い指導をしたが、会社は譲らなかった。なぜこっちが東の標準にあわせねばならぬのかと反発したのかもしれない。

大正九年には、日本電気協会でも周波数統一委員会が設けられて議論されたが、東西それぞれに相手が変更すべきだと譲らず、やはり決着はつかずじまいだった。

周波数の違いは、電力事業界の東西対抗の歴史の残滓と言えるかもしれない。

電力が国家管理されていた時代は、統一のチャンスだったし、その重要性も認められていた。しかし、東西それぞれのなかに多少の不統一があったのを、西は六〇、東は五〇に統一することしかできなかった。今日の周波数の分布は、このときに完成されたものである。昭和二十（一九四五）年には、国家補償の裏づけをして六〇ヘルツに統一するという答申案が出されたが、資材不足に阻まれ、以後は急速な産業復興の波乗りに忙しく、もう改革には手がつけられなくなった。

そして東日本大震災の原発事故で電力不足になると騒がれたとき、周波数の違いのために東西の電力の融通がろくにできないことが、危機管理の脆弱さの問題として、改めて浮上したのだった。

二　電気椅子と電化社会

電気椅子が意味するもの

明治二十六（一八九三）年に春陽堂から出版された一二三子訳の『電気の死刑』（春陽堂）という探偵小説がある。翻訳者の一二三子とは、硯友社《けんゆうしゃ》の石橋思案《いしばししあん》のことだという。訳というが、原著があるのかどうかはわからない。探偵小説が人気なので、それを批判してきた硯友社の面々が、自分たちで探偵小説を書いて勝負しようとしたという、へんてこな事情から生まれたシリーズの一冊である。

探偵小説といっても、推理的な要素はないので内容を紹介してもかまわないと思う。といっても、筋は単純だ。ある金持ちの遺産相続者の婚約者である東京電灯会社の社長（！）と探偵とがタッグを組んで、遺産を狙う悪漢と対決する話である。タイトルの「電気の死刑」とは、悪漢が電気椅子の開発者を仲間にして、それで東京電灯社長を殺そうとするところからきている。

その開発者は、もと東京電灯の社員だった。個人的に電気椅子の開発をしていたのだが、社長が会社でその図面をふと目にとめ、興味を感じて眺めていたところを見て、俺の発明を盗む気だなと激高して罵り、しまいに殴りかかって手に負えなくなったので、巡査を呼ばれて会社を追い出されてしまったという「狂気の電気学者」だった。日本でマッド・サイエンティスト的な人物が描かれた最初の小説が何かは知らないが、かなり早い例なのではないだろうか。

この小説は、道具立ては派手だが、いろいろと無理がありすぎ、説得力はあまりない。そもそも悪漢が、なぜ敵をさらってきて、わざわざ電気椅子で殺そうとするのかがわからない。悪漢に利用された電気学者は、その椅子で社長を殺してやるという復讐の執念に憑かれているのでわかるのだが、悪漢にはそんなまわりくどいやり方をする理由がない。自分の情婦を刃物で殺しているので、刃物で殺すことに抵抗があるわけでもないのだ。本人は、電気椅子を使うのが一番の早道だ、と独りごちたりしているのだが、どう考えても早道ではない。実際、椅子に座らせてから二度も逃げられている。

もちろん、そんなことはテレビの時代劇や特撮ヒーロードラマでも頻繁にみられることで、危機一髪の見せ場を作りたかったにすぎないだろう。揚げ足取りをするつもりはない。ただ電気椅子が科学応用の凶器として、必然性もなく登場していることを面白いと思ったのである。

悪漢は、珍しい殺し方をして楽しもうとしていたわけではない。ただ一番の早道だと思っただけなのだ。悪漢にそう思わせたのは、作者もそう思ったか、少なくとも多くの読者はそれで納得すると思ったからだろう。早道だと思えたのは、電気応用の機械を使うことはすなわち合理化であるという観念があるからである（としか想像できない）。

電気椅子の死刑囚第二号は日本人？

この小説が出版された三年前に、アメリカでは初めての電気椅子による処刑がおこなわれた。電気椅子の是非については、その実施の前後に賛否両論の激しい論争が起こっている。それについては後で見たいが、日本では電気で処刑することをどう見ていただろうか。『新聞集成明治編年史』に収録された明治二十年五月四日付の『朝野新聞』には、「我が国でも電気死刑をなすべしの議あり、医科大学にて動物実験」という記事があるから、検討されたことはあるらしい。しかし、その後は具体的な動きは見られないようだ。明治期の各種の雑誌で電気死刑に言及した記事を探してはみたが、ほとんどが残酷なものという扱いで、これを日本でもやるべしという意見は、管見の限りではみつからなかった。なかったとは言えないが、大きな声にはならなかったのだろうと思う。

　ところで『新聞集成明治編年史』には、こんな興味深い記事が収録されていた。

明治二十三年一月二十五日『毎日新聞』

神奈川県高座郡茅崎村農渋谷武兵二男重蔵（三十四年《ママ》）は兼て米国某汽船に雇はれ居りしが、昨年十一月米国ニューヨーク府下宿屋に於て酩酊の上、同船乗込水夫水上某と争闘をなし遂に某を殺害したれば、十二月五日同国重罪裁判所にて審判の上死刑の宣告ありたり。折しも電気死刑の議論盛なりければ、其試験の為め死刑執行を来る二月十六日に延期することゝなれり。然るに日本人が電気死刑の第一番に処せらるゝを傍観するに忍びずとて、同府在留の本邦人等は是非高等法院へ上告し、更に公明の裁判を受けしめんと色々心配したれども、素より資力に乏しければ殆んど困却し居るとの報一たび郷里に達しければ、茅崎村の有志者は夫々拠金して先頃米国に送付せしと云う。

明治二十四年一月十六日『毎日新聞』

米国にて我邦人渋谷重次郎なるもの殺人罪によりて死刑を宣告せられ愈々新発明のエレキ器械にて殺さるゝことゝなりしが、死罪にエレキ器械を用ゆるは今回二度目にて、数月前ケムラーなる人此死刑を受けしが其苦痛を与えることは尋常の絞殺よりも甚しく且つ残酷の看あるを以て、渋谷の知人等は同人に勧めて他の方法に依り殺さるゝやうニューヨーク裁判所に請願せしめしも聞届けられず、依りて再び高等裁判所に哀願せしも亦聞届けられず、遂にエレキ器械の下に其死を遂げしとのこと。

アメリカでの電気椅子による最初の死刑囚が日本人になるかもしれなかったというのである。そして二人目として処刑されたという。このようなことがあったのなら、電気椅子は日本でももっと騒がれていてよかったのではないかという気がする。この記事ではやはり電気死刑が残酷なものとされているが、いったいアメリカでは、どうしてそんな残酷な方法が行われたのだろうか。

電気椅子についてはリチャード・モラン『処刑電流』という優れた研究があるので、それを参考にみてみよう。

電気椅子は、絞首刑の科学的な代案として提案された。絞首刑は残酷なので、もっと科学的な方法で行おうというのだ。感電死させれば、苦痛は少なくなり、死刑執行人も手を汚す必要がなくなる。さらにタイマー式にすれば、誰も直接には死刑の責任を負うことはなくなる。一八八〇年代に、このような死刑改良案が唱えられだしたという。

このアイデアを一気に現実化したのが、トーマス・エジソンだった。交流電気の危険をスキャンダラスに訴えてエジソンに取り入った電気技師、ハロルド・ブラウンに、潤沢な資金を与え、研究所を動物実験の場として使わせるなど便宜をはかって、電気椅子を採用させる活動を全面的に支えたのである。支えたというより、陰の主役だった。電気椅子による処刑の実現は、エジソンによる交流電気への攻撃の一環だった。

エジソンの交流電気攻撃

エジソンの交流電気への攻撃は容赦なかった。まずは議会工作から始めている。電圧を三百ボルト以下に制限する法案を通すように上院議員に働きかけ、州知事、市長などにも説得しまくった。三百ボルト以下に制限すれば、交流のメリットはなくなる。ウェスティングハウス社は、エジソン社らを謀議のかどで訴えると脅し、議会工作は頓挫した。

次は情報戦だ。まず電力業界のトップに疑いを植えつけることから始めた。たとえば手紙に「どんなに小規模だろうとウェスティングハウス・システムを導入した顧客は半年以内に必ず死ぬ」とまで書いていたという。安全性が保証されていないと言っているらしいのだが、そうとは思えない強烈な表現だ。大衆向けのパンフレットも発行した。交流は直流よりも細い銅線ですむ点に大きなメリットがあったが、エジソンはそれをとらえて安物の電線を使う安物販売会社と呼び、それがいかに危険なものであるかを訴えた。あらゆる機会をとらえてエジソンは、交流の危険を警告した。

そして次の作戦が、電気椅子による処刑の実現だった。絞首刑をやめて死刑を電気によって近代化しようという運動があったのをうまくとらえて、その処刑装置の電源にウェスティングハウス社のダイナモを使い、交流電気に、人命を奪う恐ろしいものという印象をぬぐいがたく刻印しようというのである。

ただし本人は表に立つことはなかった。意見を問われると、どんな方法でも死刑には反対だと答えたのである。ただ交流電気にはその仕事ができる、ということを付け加えていた。

表に立って活躍したのはハロルド・ブラウンで、エジソンの研究所を借り、犬を使って、どのくらいの電圧で確実に死ぬかを実験し、コロンビア大学で新聞記者をあつめての公開実験を行った。もちろん、交流がいかに危険なものかを残酷な実験によって見せつけるパフォーマンスである。むごたらしく、そして公正さに欠けたインチキな実験だった。もちろん非難する声も多くあがった。

さまざまな立場の人々が激しく論争を交わしながらも、電気死刑は現実化していく。ブラウンは刑務所幹部たちから電気椅子を三つの刑務所に設置する権限を与えられた。ただし完全に実用性が確認されるまで、代金は払われない。ブラウンはエジソンに資金援助を求める。

電気椅子にはウェスティングハウス社のダイナモを使わなければ、意味がない。むろんウェスティングハウス社はもくろみを知っているので、売らない。ブラウンはトムソン・ハウストン社の会計係の助けを得て、ボストンの中古電気機械販売業者を味方に引き入れ、ダイナモを買わせることに成功し、それをこっそり運びこんで設置した。この頃、トムソン・ハウストン社とエジソン・ゼネラル社との合併の交渉が進行中だったのである。

エジソンは、電気で処刑することを「ウェスティングハウスする」と表現することを思いつく。一八九〇年八月六日、ウィリアム・ケムラーが電気椅子で処刑されると、翌日のある朝刊の見出しには、「ケムラー、ウェスティングハウスされる」とあった。

これほどに、えげつないあの手この手でエジソンは交流をおとしめたが、交流システムの優位は明らかだった。エジソン・ゼネラル社さえ合併してGEとなってからは交流システムを扱うようになり、エジソンは電力供給事業から手を引く。

科学的だから人道的

電気椅子というアイデアは、絞首刑を残酷で前近代的な方法だと批判し、「人道的」な方法に替えようという主張から生まれた。しかし、ケムラーの最期は、あまりにもむごたらしく残酷なものだった。電気なら苦痛もなく一瞬のうちに死ぬという主張とは、まったく裏腹で、立ち会った記者が二名、気絶したというほどだった。絞首刑、ギロチン、銃殺刑と実際に見てきたが電気椅子が最も残酷だった、と断言する者もいた。一方で、医学博士、科学者、刑務所幹部は口をそろえて、苦痛もなく即死した、と断言した。

新しい方法はあくまで「人道的」でなくてはならなかったのだ。死刑の方法は、死刑を存続させるための方法でもあった。これまで死刑廃止論が高まるたびに、死刑容認派からの「人道的な」主張によって、死刑の方法が替えられてきたという。

この場合の「人道的」とは、その本来の暴力性を隠すことを意味している。殺したとは思えないような様子で、きれいに逝ってほしいのだ。「死刑の歴史はヒューマニズム的関心というよりはむしろ、処刑を執行する側が嫌な思いをせずにすむ必要性によってつき動かされてきた」のである。よりよく隠せる技術を求めて、手段は変化する。つまり手段はうわべの問題でしかない。本質的な議論は、隠された暴力性に向き合うことからしか生まれない。

しかしここでは、そのうわべを問題にせねばならない。うわべを取り繕うための材料に、電気が使われたからだ。まず、電気という科学的な手段に置き換えることで「人道的」と思われるような隠蔽が可能であるということの問題。そして、その置き換えが、企業の覇権争いを動機として進められたという問題がある。このうわべの問題だけを取り出すなら、それは生活の電化についても言える一般的な問題ともなるだろう。

電気洗濯機と電気椅子

二章で引用した、四ツ柳高茂が自宅に電灯がともった幼少期の思い出を記した文章にあったように、電灯が「文明の光」だと感じられたのは、「スイッチ一つで」操作できるという自在性、簡易性を持つゆえであった。この「スイッチ一つで」操作できるということを、電化は追求してきた。あるいはスイッチ一つさえ省略され、コンピュータが自動的に判断する世界も身近になりつつある。

それらはすべて、人間の行為を電気によってするよう置き換えたわけである。しかし、なにごとであれ、人間のしていた行為のすべてが電化されることはない。電化できる側面だけが、その仕事そのものであるかのようにとりだされねばならない。たとえば川とは水の流れであると言っても間違いではないが、等価ではない。なのにそう言い換えて、水量や流速だけで川の働きをとらえたような気になるようなものだ。

わかりやすい電化製品でいえば、家庭用の電気餅つき器は、餅をついてはいない。返しの合いの手も入らない。その二人の呼吸も、勢いの緩急も、楽しさも、疲れも、ない。餅米が力を加えられて粘る餅になるという現象のみをモーターで再現している。いいとか悪いとかでなく、ちがう出来事であることは明らかだ。餅つきは、まだ行事としてイメージが生きているが、洗濯などはすでに電化以前のイメージが薄れている。川辺や井戸端で一枚ずつ洗われていた洗濯は、電気洗濯機で回されているのとはずいぶんちがった行為のはずである。

面白いことに、洗濯という行為の機械への置き換えは、すぐには理解されなかった。洗濯機の登場は戦後の女性解放の象徴のように言われるが、当時の女性がその登場を願っていたわけではないのである。

山田正吾『家電今昔物語』（聞き書き森彰英）によれば、戦後まもない頃、日本メーカーにとって電化製品の納入先は進駐軍がほとんどだった。ところが、日本人のメイドを雇ったほうが安いという理由で、昭和二十二（一九四七）年五月をもって電気洗濯機の納入打ち切りを通告される。それでメーカーは、日本国内に電気洗濯機の需要を作り出す必要に迫られた。その頃、東芝では電気洗濯機は全国で月に二〇台平均しか売れていなかったという。東芝の販売スタッフだった山田は、まず実物を知ってもらおうと、街頭で香具師の口上の呼吸で実演販売を行った。

口上を簡略に紹介すると、まず「一日に奥様がたが洗濯される量は、どれくらいかご存じですか」と切り出し、「一人当たり一〇〇匁《もんめ》、五人家族で五〇〇匁、月にすれば一一五貫、一年で一八〇〇貫」とたたみかけ、「これは東京、上野動物園の象の花子さんの体重ですよ」「五人家族の奥様は一年に象一頭を丸洗いしているというわけです」と、日々の労働を巨大な重さに置き換えてみせる（一匁は三・七五グラム。一貫は三・七五キログラム。一八〇貫は六七五キログラム）。

さらに、いつも象ばかりではと、面積にも換算してみせた。一人が一日一〇〇匁の洗濯をするなら面積換算でシーツ一枚分、これを畳一枚とすると五人家族で一日二坪半、一年で九一五坪弱となる。丸ビルの地下室から屋上までの面積の合計は一万八三〇〇坪。ちょうど五人家族で洗濯する面積二十年分に相当する。

「ご結婚後二十何年、いま二十歳のお嬢様をお持ちのお母様、あなたはその二本の腕で丸ビルを洗ったのですよ。今の若さを、もう十年、二十年とお考えになるならば洗濯機をどうぞ」

このようなたとえを持ち出した後に、「洗濯という字は間違っている。これが本当の字だ」と言いながら、地面に大きく「洗多苦」と書いた。洗濯がいかに苦しみの多い重労働かを訴えたのである。この実演販売によって、電気洗濯機は販路を見いだしていった。実際の洗濯では重さや面積を洗っているわけではないが、この置き換えが大いに効を奏したのだ。

洗濯機は、水道があって初めて置くことができた。したがって水道の普及にあわせて洗濯機も広まっていくのだが、その最初期であるこの頃には、まだ女性たちは洗濯から解放されたいと意識してはいなかったらしい。ただし潜在的にはそう思っていたのだと、山田は言う。

女性はすべて、潜在的にはこの労働から解放されたいという欲求をもっていたが、洗濯機はアメリカ映画に登場する遠い夢の世界の商品だと思っていたのである。私の役割は、そこをもう一歩現実に近づけることである。よし、徹底的に〝洗多苦〟を説いてやろう。そうすれば、言わなくても洗濯機の必要性が身にしみてくるに違いない。

一方では潜在的な抵抗感があった。なぜなら、衣類をすすぎ、真っ白に洗い上げるのは女の仕事、それを機械に肩代わりさせて仕事をサボルのはとんでもない怠け者だという意識が先行しているのだった。ところが、実際に〝洗多苦〟の量を数量的データで示されると、今度は一刻も早くその重圧から解放されたいと願うようになったのである。

つまり、洗濯が過酷な労働であることが数量的に「客観化」されて初めて、女性たちは洗濯を軽減すべき労働だと認識した。洗濯という営みが、作業量で評価される「労働」へと価値が転換されたためである。

数量的に計りうる要素への還元を前提に、電化による置き換えは可能になる。この置き換えに慣れることは、行為の意味や価値を変える。生きられていた行為を暮らしから分離し、一意的な作業として効率化や衛生化をはかれるものとなるのである。

そして洗濯機の場合、価値転換は、駐留軍から納入を断られてもてあました洗濯機の在庫を売りさばくために行われたものだった。

洗濯機と同じように、電灯も、最初はほとんど誰もその必要を感じていなかった。技術や製品がまず登場し、それから需要を作り出していったのである。啓蒙的な広告を繰り返して、炎の灯火は電気の光に置き換えられていった。照明の価値は、おおむね明るさに還元され、炎の灯火が持っていたその他の要素は、不衛生や不便、そして危険につながる要素として否定された。

やがて電灯がすっかり普及すると、それなしには生活が成り立たないかのようになる。はじめのうちはランプなども併用しているが、いつしかもっぱら電灯を使うように生活が組み替わってしまったからだ。

死刑の電化では、処刑の残酷さが苦痛の量へと還元され、死刑の方法を科学のテクノロジーで置き換えることで苦痛の量が小さくなると主張された。苦痛が小さいことは「我が手を汚さない」ことであり、受け容れやすいがゆえに、「人道的」なものとされた。ところが、その苦痛が小さいという評価は、企業が覇権を守るためにでっちあげたものでしかなかった。

リチャード・モランは、「科学、テクノロジー、そして特に進歩に対する向こう見ずで恐れ知らずの信仰によって有力企業の利権と個人の野心が結びつき、極刑の手段が変更されたという事実」は、「私たちがいちばん大切にしている社会的価値観がいかに都合よく操られ、金もうけに利用されうるかを示」しているという。

それは、死刑のような大きな問題に限らず、生活の隅々で日々に起こっていることなのだと思う。企業の利益追求、覇権競争によって、行為の意味や価値観が転換され、欲望が作り出され、生活が組み替えられる。それが資本主義社会というものなのかもしれない。困難なことだとは思うが、そのプロセスにできるだけ自覚的でありたいとは思う。電気は誰のものかという問いは、私たちの生活は誰のものかという問いをもはらんでいるのである。

第五章　電灯争議

電球の葬列

葬儀用の高張提灯《たかばりじょうちん》を掲げた人たちの後ろを、棺桶を乗せた荷車がゴトゴトと進んでいく。並んで歩く人々の顔に悲しみはうかがわれない。むしろ意気揚々とさえ見えただろう。葬列の向かう先は、火葬場ではなかった。棺のなかに入っていたのは遺体ではなく、千四百個あまりの電球だった。

昭和三（一九二八）年七月二十七日のことである。

葬列が出発したのは、富山県中新川郡西水橋町《なかにいかわぐんにしみずはしまち》（現富山市水橋）の寺院、玉永寺である。棺桶に納められた電球は、西水橋町の町民たちが自宅から外し、玉永寺内に置かれた電灯料金値下期成同盟会の事務所へ持ち寄ったものだった。ここで葬儀のように高張提灯や角灯《かくとう》をともし、しかつめらしく電球を納棺したのだ。

葬列が向かったのは、富山電気会社の出張所である。電球を会社に返還するためだ。

わざわざ棺桶を用意して葬列に仕立てたのは、寺院内に事務所を置いていたことからの思いつきだろう。電力会社への嫌みをこめた諧謔であり、また電灯への哀惜もこめられていたかもしれない。今夜から電灯のない生活になるのである。だが、電球を返還することは、宣戦布告にも似た、町民の決意の表明に他ならなかった。

そうして、この町から電灯の光が消えた。

滑川町と富山電気

昭和三年から七年頃にかけて、全国各地で無数の電灯争議が激しく繰り広げられた。電灯料金の値下げを要求する運動である。その発端とされるのが、あのエレキという怪物の流言に悩まされながら創業した富山電気株式会社（明治四十〈一九〇七〉年に富山電灯株式会社から改称）の配給区域で起こった争議だった。電球の葬列は、その騒動のなかで生じた一光景である。

西水橋町は、大正七（一九一八）年に全国に拡がった米騒動の発端となった町だ。漁師町の女房たちが米価の高騰に怒って米屋などを打ち壊したという騒動である。そこが滑川《なめりかわ》警察の所管区であったことから、主舞台は滑川町となり民衆運動として拡大していった。

同様に電灯争議も、梅原隆章《うめはらりゅうしょう》『一九二八年の電気争議』によれば、まずは下新川郡三日市町（現在の黒部市の一部）で始まり、やはり滑川町で社会運動として組織化され、諸町村の電灯料金値下期成同盟会の連合会の拠点ともなった。

滑川町は、当時の人口が約一万人ほど。売薬業を主な産業とする海辺の小さな町だが、早くから社会運動の基盤が育っていた。明治末には「地上権設定」を求める運動が高まり、地主との交渉を重ねた末に、ほとんど全町の地上権が登記され、地主の特権がほとんどないに等しいという全国でも希有な状況を実現していた。さらに普通選挙運動、米騒動などを通じて、大衆運動の戦術的なノウハウも蓄積されていたらしい。それで滑川町が電灯争議の中心となったのだが、それだけでなく滑川町にはそれ以前から富山電気会社とはいささか対立する因縁があった。

明治四十二（一九〇九）年に富山電気が滑川町に送電することになったとき、会社から町長に三十年間は電柱に課税しないようにと申し入れてきた。町長は町会にはかり、免税期間を十五年に限って認め、その間は料金を値上げしないことを条件とした。ところが四十四年に点灯するや、会社は早くも一灯につき十銭の値上げを要求してくる。契約に反した要求に青年団を中心とする反対運動が起こったが、駅に二百燭光のアーク灯を一個、町内十八カ所に五燭光の街灯を寄付することを条件として、値上げを認めて決着する。だが大正八年、会社はまたしても料金値上げを通知してきた。これでは会社を信用することはできない。町長らは委員会を作って町営電気の計画を立て、調査を始める。とはいえ、すぐにできることでもないので、会社と協議し、免税期間の残り四年八ヶ月間は年千二百円を貧民救済基金に寄付することを条件とし、また事業を町営化するさいには個人として協力するという常務の一札をとって、値上げを認めた。

これ以来、滑川町では、各地の町営電気事業を視察するなど、町営化のための調査、検討が続けられていた。また、争議の数年前には電気事業調査会を作って、電気会社の営業方針や料金についての問題点を調査していたという。

昭和二年の春、金融恐慌が産業界を痛撃する。株価は暴落し、各地の銀行で取り付け騒ぎが起こった。金融難から中小企業の倒産が相次ぎ、農産物の価格は激しく下落して農家を苦しめた。人々の生活は日々に苦しさを増していく。ところが、富山電気会社では、そんな世間の不況などはどこ吹く風とばかり、上期の株主への配当は一割二分、特配が二分で、あわせて一割四分という高配当を行っていた。好景気時代に増資や合併を重ね、富山、石川、新潟にまたがる一市一五二町村を配給区域とするまでに成長していた富山電気の勢いは衰えを知らず、経営は盤石と見えた。

富山県は水力が豊富で、発電コストは他県よりも低い。にもかかわらず電灯料金は高かった。当時の電灯は、不安定で停電も多かった。まだ一般家庭ではメーター制は少なく、ほとんどが定額制だったから、暗くても、わずかな時間しか点灯しなくても、料金は変わらない。それだけに料金の割高感が強かったのである。まして不況の嵐のなか、商工業者にとっても一般家庭にとっても負担が大きかった。方々の商工会の代表が何度も値下げするよう申し入れたが、富山電気は応じない。そして昭和二年下期や昭和三年の上期にも、なお一割三分の配当を続けるのである。

三日市町の青年団はこのような実情を調査し、演説会を開いて、富山電気の建設費は全国で最低なのに、他府県より高い電灯料金を徴収し、それで高配当を行っていると訴えた。この呼びかけが各地での電気料金値下期成同盟会の結成をうながした。

その頃に結成された三日市町、滑川町、東水橋町、西水橋町、東岩瀬町の五つの同盟会は連合会を組織し、本部を最初のうちは三日市町、まもなく滑川町に置いた。連合会に参加した町村は、四月には二十四にも達するが、この最初の五つの町の同盟会幹部が連合会の主力でありつづけたようだ。

昭和二年十二月二十二日、連合会と富山電気との最初の交渉がもたれたが、会社側は、配当率も電灯料金もまったく正当なものだと主張するばかりで、値下げなど論外という態度を崩さず、とりつく島もなかった。そこで一月に同盟会は、電灯料金の不払いという手段を選ぶ。ただし交渉が成立したときにはすぐ支払えるよう、自分たちで供託金を集金し、銀行に預けることにした。

東京電灯に出刃包丁を送った男

電気料金の値下げを訴える運動は、明治末頃から各地でたびたび起こっていた。不景気による困窮や電灯料金値上げへの反発から自然発生的に起こった場合が多かったようだ。早い時期に目立ったものでは、少々特殊な例だが、『実業之世界』誌の編集長、野衣秀市《のよりひでいち》による料金三割値下げ要求キャンペーンがある。メディア主導の運動ではあるが、それだけに世の注目を集めた。明治四十三年五月一日号の『実業之世界』で、野衣は「灯火に呪われたる東京市」と題して、東京電灯の電灯料金が高すぎ、一割二分の配当は多すぎると批判して、料金を三割値下げすべきだと主張した。神田にあった映画館、錦輝館で大演説会を開き、以後、誌上で東京電灯を批判する電灯料金値下げ要求キャンペーンを繰り広げる。

このキャンペーンは、市民から支持された。料金が高いというだけでなく、市民には東京電灯に対する不満が募っていたからである。創業当時には顧客開拓に苦心した電灯会社も、電灯の普及にともない、「電灯をつけてやる」という態度になりがちで、そのくせ停電や光力不足が日常的に起こっていたが、それも当然のことという態度だった。それで反感が強まっていたのである。

市民の賛同を得ていることに不安を覚えたのか、東京電灯は野衣に、国民党の野間五造《のまいつぞう》、政友会の岡崎邦輔《おかざきくにすけ》を仲介として、一万円での手打ちを申し入れてきたという。野衣は蹴った。すると今度は、大株主である福沢桃介《ふくざわももすけ》に働きかけたり、松永安左エ門を仲介にたてたりして、懐柔をはかってきた。そこで野衣は『実業之世界』誌上に「最後の手段を決行するに先ち東京電灯会社の重役並びに大株主諸氏に与うるの書」を掲載し、東京電灯に配達証明郵便で送って十日以内に返答するようにと要求した。だが、返答はなかった。無視された野衣は、東京電灯の社長と理事に、「これほど言つても分からぬ奴はコレで自決せよ」と書いた手紙を、出刃包丁とともに送りつける。

恐喝罪及び脅迫罪未遂の容疑で、野衣は拘引された。半年近く取り調べを受けた後で保釈されると、公判中にも、識者による東電批判の論説を掲載するなどして、ますます闘志をあらわにする。結局、二年の懲役を言い渡され、百六十九日間を獄中ですごすことになるが、保釈中に東京電灯は料金を一割七分下げ、さらに獄中にあった間にも再び値下げしたので、あわせると野衣の主張した通り三割の値下げとなった。それは一章でも記した東京電灯、日本電灯、東京市電気局の「三電競争」が始まり、東電の独占状態が失われ、価格競争を余儀なくされたためだった。とはいえ、結果として野衣の要求が実現したのである。出獄後、野衣は勝利を宣言し、それまでの論説や事件の経過などをまとめた『東電筆誅録』を出版する。その序文で野衣は「我輩は、東京電灯株式会社が、其の独占事業たるに乗じて、不当日本一否世界一の電灯料を貪り、市民に対して暴慢無礼を尽すを見て、早くから、市民に代って膺懲《ようちょう》の軍を起す必要を感じて居った」と記している。野衣には悪評が多い。企業から広告料や購読料を集める野衣を、一審の検事は「白昼公然強盗」と批判した。しかし多くの市民が、独占企業に敢然と立ち向かった若者として応援した。出獄した野衣は、これからも金権に対する正義の闘いを続ける、と高らかに宣言する。

この事件は、自己宣伝の王様のような野衣の大見得を切った活劇にすぎなかったのかもしれないが、それでも野衣の勝利宣言は、その後の大衆運動としての電灯料金値下げ運動に、直接的ではないにしても、成功例のイメージによって影響を与えていたのではないかと思う。

正義は最後の勝利

さて、滑川町に戻ろう。以下は、おもに梅原隆章『一九二八年の電気争議』、安倍隆一編『富山電灯争議の真相』、『滑川市史　通史篇』を主な参考として、なるべく物語的に記してみたい。

昭和三年三月には、連合会に加盟した町村の電灯料金値下期成同盟会の数は十六に増えていた。また連合会として、石川県小松町の小松電灯会社に対する運動とも提携することを約束する。かつての米騒動は土地ごとの個別的な騒動の連続だったが、電灯争議は組織的な運動となった。

連合会の要求は、三割五分の値下げである。それには計算上の根拠があった。しかも会社が行っていた二重伝票や秘密積立金などの不正行為についても判明していた。不正によって得ている利益をも考慮すれば、値下げはなおのこと当然の要求だと思われた。

連合会幹部は、県警からの命令に応じて出頭し、中谷警察部長を相手に、そうした調査結果とともに自分たちの要求や活動の内容を説明した。代表者の語りには、正義が自分たちにあることを説得しようとする熱がこもっていた。警察部長はただ黙って頷きつつ聞いていたが、最後に、

「今のところ自分は調停に入るつもりはないし、会社側の意見を聞かないうちは是非も言えないが、正義は最後の勝利だから、マア穏健にやっていってもらいたい」

と言って、口をつぐんだという。

よくわからないが、「君らは正義のつもりらしいが、正義は最後に勝った者にあるのだから、非合法な行動をして逮捕されないようにしなさい」というような意味だろうか。アドバイスというよりは、警告だろう。この日は三月十四日だった。翌日には、三・一五事件と呼ばれる共産党への全国的な大弾圧が行われ、千五百六十八人が検挙されている。

昭和三年は、社会運動にとって転換点となった年だった。二月には第一回普通選挙が行われ

た一方で、三・一五事件があり、四月十日には、労働農民党、日本労働組合評議会、全日本無産青年同盟に結社禁止命令が出されるなど、結社や言論への弾圧が強硬になっていく。その頃の地方新聞には、大陰謀を計画する不逞の輩が増えているという論調が目立ちだしたという。治安強化を正当化するような空気を報道が作り出していたのである。

値下げ運動は、そのような転換のさなかに展開された。それで同盟会では、いわゆる「主義者」による運動とみなされないように、実行委員の人選に配慮し、階層や党派、地域などにも偏りがないようにしたという。

遠隔地の相談相手

富山電気は、電気料金について説明するビラを配った。同盟会が主張する二点、即ち、水源豊かな地にあり経費が少ないのに他県よりも料金が高いということと、高配当のために料金が高いということとを、真っ向から否定するものである。

まず、電灯料金は他の物価の上昇と比較すればむしろ安価なのだと主張する。そして他県には富山電気よりも料金の安いところがあるにはあるが、それには、それぞれ安い理由があるのだという。その理由は大別して三つあげられている。

一、大都市。大都市では、電柱一本でつける電灯の数が多い。密度が大きいから料金を安くできるのである。

二、公営電気。税金を払わないから比較にならない。

三、長野市。長野市は、市部と町村で料金が違い、市部が安い。それと比較するのは無理である。

これらを除けば、富山電気の電灯料金は日本一安いのだ。どうして、そんなに安くできるのか。それは、わが社がいくたの艱難辛苦に耐え、経費を抑える努力を重ねてきたからである。配当率が高いのも、三十年間にわたって苦心してきた歴史の結果なのである。

と、自慢げな主張がされていた。同盟会の議論を、「わかっていない素人」のいちゃもんだと軽んじているふうでもある。うっかりすると「そうか、実は安いのか」と納得させられそうだ。となれば、きちんとした数字を示して応戦せねばならない。連合会は、あくまで合理的な論戦による合法闘争をしようと考えていた。メンバーは、三割五分の値下げという要求の裏づけをいっそう確かに固めるため、さらに徹底的に資料を集めた。また法律的な見地からの戦術の指導を、弁護士の布施辰治《ふせたつじ》に求めた。

赤穂村騒擾事件の弁護団にも加わっていた布施辰治は、日本近代の法曹界で真に誇りうる希有なヒーローであり、当時の人々から寄せられた信望は厚かった。「トルストイの弟子」と称する人道主義者で、法廷に立つだけでなく、「法廷から社会へ」を標榜し、社会運動にも精力的にコミットした。明治三十八（一九〇五）年の電車賃値上げ反対の騒擾事件で初めて社会運動の弁護に立って以来、独自に普通選挙運動を行い、死刑廃止を主張し、公娼廃止を唱え、公娼の自由廃業に尽力し、社会主義者、朝鮮独立運動に関わる数々の事件の弁護を行った。活動範囲は広く、関わった事件は膨大だ。労働争議、小作人争議、借家人争議、そして電灯争議などの全国各地のさまざまな争議に戦術的なアドバイスを与え、もし検挙者が出ればその弁護にもあたった。

滑川町の電灯争議に関わったのは、布施が大正六年に単独で普通選挙を提唱していたとき、遠くこの町でそれに共鳴し、普通選挙期成同盟会を組織して呼応した同志が、この争議で奮闘していたからだった。布施は手紙をやりとりしながら、戦術を練った。この相談相手がいたことは、運動にとって大きな幸運だった。

連合会では、集めた資料を、技術面からと、経理などの不正事実の面からとに分担して、不眠不休で徹底的に調べあげ、逓信大臣宛に提出する陳情書を作成する。そこには、三割五分の値下げが合理的で正当な要求であることを証明するさまざまなデータ、そして富山電気会社の経理上の不正の数々が詳しく列挙された。

電線を切断される

同盟会への賛同者は増えつつあった。それを牽制するため、富山電気は断線消灯という手段をとることを伝えてくる。料金の不払いなどしていると、家への引き込み線を切断して、電灯を使えないようにしてしまうぞという脅しである。

連合会は、会員が不安を覚えないよう、「富電会社に対抗する声明書」を発表した。断線消灯の強行は、電気事業法に反する暴挙であるとする内容である。もし、それに反して需用者を苦しめるなら、会社の存立すら危うくなるだろう。いま、連合会では、会社の不正を暴露して告訴すべく、逓信大臣に提出する陳情書を作成中である。電気事業法第六条には、大臣は公益上必要と認めたなら電気事業者に料金の制限をしたり、必要な命令をすることができるとある。五月中旬には逓信大臣を訪問する予定であるから、同盟会員の強固なる団結を乞う。このような、今後への希望をも感じさせる声明書だった。

電灯料金は、支払い準備積立金の名目で集金して銀行に預け、交渉が解決したらすぐに支払えるようにしてあった。したがって断線される正当な理由はない。法律的にみて会社は断線はできないはずだ。そう彼らは判断していた。切り崩しを狙った心理戦とみて、こちらも会員の心が揺れないよう、署名運動をしたり、ポスターを張ったり、アジビラを配ったりという対策をとっていたのである。

ところが五月十七日、同盟会の幹部たちが逓信大臣への陳情書を携えて上京している隙を狙って、会社は断線を強行する。三日市町、滑川町、西水橋などで、一部の家々への電柱からの供給線を切断したのである。

東京にいた幹部の一人、宮城彦造は、断線が行われたことを知ると、一人で急いで戻り、警察部長に抗議するため県庁に向かった。そのとき県議が二人、仲介の労をとろうと進言していると聞かされたが、その妥協案というのは、その前に立ち寄った富山電気の常務取締役、山田昌作《しょうさく》宅で持ち出された案とまったく同じだった。宮城は、「仕組まれた劇だ」と悟った。

「ご厚志には感謝するが、堕落した既成政党流に、この純なる運動を断然任すことはできない」

怒りをこめて一蹴すると、県警部長も憮然として言う。

「それならば君の信ずる人を指定せよ」

「ただいま僕の信ずる人は、天皇陛下以外に一人もあらず」

宮城は席を蹴った。

輪転機は電気で回る

新聞社は、この電灯争議について、始まった頃にはほとんど報道しなかったという。地域の強大な資本は、他の産業とも深く結びついて根を広げている。うっかり不都合となる報道はできなかったのだろう。

しかも、新聞の印刷には電気が必要だ。富山新報では、経営状態が思わしくなく、その電気代が払えなかった。ところが富山電気は、その支払いを強いて迫らなかった。その恩義があって報道できなかったのだと、富山新報はみずから紙面で告白した。

ただし、まず陳情書のうちから「会社は暴利を貪り言論権力は利を以て之を蔽い横暴の限りを尽くす」とか「今期の会社総会に重役の一人は半期四万八千円の賞与金は我々のみにとるのではない、新聞記者にも配当すると明言した」というところを引き、他の新聞は買収されていたらしいとする前置きで、みずからの沈黙の罪を軽くする工夫を忘れてはいない。これが事実なら同業者として寒心せざるをえないが、本社はいまだかつて富山電気から利をもって勧誘されたこともなければ、手ぬぐい一本さえ頂戴したことはない、と断言し、そのうえで、これまで報道できなかった理由を告白するのである。

本社は大正七年以来、不幸にして社運ふるわず、歴代の主任が富電への料金の支払いを怠ってきた。積年の電気料金を怠っているのに、富山電気の社長は寛大にも、本社を相手に訴訟もせねば、相変わらず動力も供給してくれている。それで「本社は深く富電会社の誠意と恩義に感銘して何事があっても沈黙主義を守っていたが、今や民衆輿論は、我社の好意的沈黙を許さなくなった。大義親を滅すということもある、本社は面のあたり、いかなる難局に逢着するも民衆の為に一肌脱がざるを得なくなった」。

と、いささか情けなくも調子のいいことを書いているのだが、それでも勇をふるっての思い切った決断ではあったのだろう。一部にせよ、このようにマスコミの首を向けかえさせるほど、断線消灯は誰の目にも無茶な行為だと思われた。その「民衆輿論」への配慮か、断線強行から二日後、内務省の命令によって、消されていた電灯は点灯された。

調停案を拒絶する

新聞が「好意的沈黙」を破らざるをえなくなるほどの輿論の高まりに、事態の拡大を懸念した中谷警察部長が斡旋し、六月十七日から二日間、調停委員会が設けられた。

調停委員は、同盟会のある町の町長、商工会会長、関係郡の郡会議員からなり、立会人として各地域の警察署長や県警察部長、保安課長、電気技師などが、ともに席についた。まず、同盟会の質問書に対する会社の説明書が配られる。当然、同盟会側が提示した事実は否定され、あるいは計算の根拠の間違いが指摘されたりしていた。それを同盟会側が反駁し、二日間にわたって議論が行われた。その議論をどう踏まえたものか、七月十一日、調停案が提出された。

電灯料金の値下げ率は、一割五分二厘五毛。

妙に細かい数字だ。それもそのはず、これは各委員が、「九分から二割二分まで」という範囲を条件として、思い思いに出した数字を、ただ足して割った平均値にすぎなかったのだ。つまり、なんの根拠もない数字だった。同盟会が要求した三割五分という数字は、長い時間をかけて会社経営の実態を調べて計算し、裏づけも固めてきたものである。それを捨てて、この無意味な調停案を容れろというのか。同盟会側は、たんに率が低いというだけでなく、そのことの不愉快さに、調停案を拒絶した。一方、富山電気の側も、これを拒絶した。

このとき東岩瀬同盟会の宮城、西水橋同盟会の篠田の二人は、法廷闘争をも開始する。富山電気の株券を入手して、金岡社長と山田常務とを背任罪で告訴したのである。これまでに調べてきた不正事実の数々を法廷で突きつけてやろうというのだ。告訴状を作成し、富山地方裁判所の検事に提出した。

第二次断線消灯

七月二十三日、富山電気が断線隊を送り込んでくるという情報が、連合会本部に入った。工夫百人あまりを四隊に分けて、同盟会がある町村に潜入させようとしているというのだ。それぞれの町村で、厳重な警戒態勢が敷かれた。

「知事の認可証を所持せずして、消灯に来る工夫はニセ工夫とみなし、相当の制裁を加ふべし」

消灯警戒にあたる滑川町の人々（『滑川市史』より）

滑川町では、こう大書した看板を町内の各所に立てた。町民らが電柱の下に座り込み、張り番をした。工夫が断線のため電柱に登るのを防ぐのだ。自動車で町を巡回し、檄を飛ばした。警戒をうながす一方で、各自は自重し妄動せぬように、暴力行為におよんで検束されるようなことがないようにと戒めてまわった。消防組は火災に警戒し、交替で夜警する態勢を整えた。

二十六日の朝、ついに断線が始まった。滑川町、東水橋町、西水橋町、東岩瀬町、そして二日後に三日市町で、断線消灯が行われた。滑川町では五三戸が消灯された。

町民は激怒し、戒められてはいても、あちこちでもみあい、格闘となり、流血沙汰となることもあった。あるところでは、工夫を縄で電柱に縛りつけて、「そうやってみずから供給権を放棄するのであれば、即刻、電柱を持って行け」と迫った。警官が制止に入ると、「いや、これは工夫を縛ったわけじゃない。電柱を持って帰ると言うから担がせてあげたのだ」と抗議した。縛り上げた工夫を舟で沖へ連れて行き、放り込んでやろうかと脅した者もあったという(梅原の著では、電柱に縛ったエピソードが第一次断線のときのこととして紹介されているが、ここでは『滑川市史』に従った)。

滑川町同盟会は、この日の午後一時から町民大会を開き、千人以上が集まった。

断線消灯は、会社側からの契約解除であり供給権の破棄である。会員の一人に対する断線消灯は、同じ不払いをしている全会員に対する行為に等しく、契約の解除および破棄と認められる。したがって一軒でも断線されたときには全町あげて同情消灯を行って会社に迫る。このような方針が、以前に決めてあった。

だから全町で消灯することはすぐに了承された。さらに同盟幹部から、電球を会社に返還しようという動議が出される。これもただちに賛同され、各自が自発的に実行委員に電球を届けることになった。そして電気工作物は二十日以内に撤去させること、町営電気事業についての具体的な調査を進めることなども決められた。

大会が終わると、みなすぐに家の電球を外し、ザルやカゴに入れて持ち寄った。それを富山電気の滑川営業所へ返しに行き、うずたかく積み上げた。

電球返還という滑川町の決定が他の断線された町の同盟会に伝わると、どこも同じく町をあげて消灯し　電球を返還した。

本章の冒頭に記した電球の葬列は、このときの西水橋町での皮肉をこめたパフォーマンスである。電球の葬列を送った夜、西水橋の玉永寺ではガスランプと通称されたアセチレン灯をともして町民大会を開き、大いに気勢を上げたという。当時、富山市以外の区域にはガスの供給はされていなかった。

安倍隆一編『富山電灯争議の真相』によれば、じつはこのときまでは、どの町でも全戸が同盟会に参加していたわけでなく、半数から三分の一というところだったという。ところが、断線消灯という電力会社の横暴によって、すべての町民が同盟会に参加し、ついに町民一致の行動をとるようになった。それで、家々の電灯だけでなく、街灯も、銀行、役場、会社などの電球も、すべて返還した。附近の村落にも同情から消灯をともにしたところがあった。それほどに人々を憤激させていたのだ。近隣の町村、また全国各地からの応援も次々と届いた。隣の魚津遊郭から滑川遊郭へ、蠟燭三千本（四千本ともいう）が寄贈されたという。

富山市へ街宣

ことここに至っては、さらに戦線を拡大しなくてはならない。連合会は、富山市民に呼びかけるため、五色の用紙に刷った二万枚のアジビラを用意した。大旗を押し立て、幔幕《まんまく》を張ったトラック隊、さらに自転車隊も加わって、東岩瀬町に集結してから、隊列を組んで富山市街へ向けて出発した。ところがその途中、かけつけてきた富山警察署長ひきいる数十人の警官隊に停止させられ、ただちに解散せよと命じられる。

なぜかと問うても、「大衆運動と認めるがゆえに絶対に禁止す」と、ただ命令するばかりだ。東岩瀬町の幹部、宮城が、昨日、県の保安課で了解を得ているのだと抗議して交渉を重ねるうちに、ならば東岩瀬町の一台だけ、ビラを配らない、喧噪にしないという条件をつけて、行ってよしとなった。

やむをえず解散し、二人一組で富山市内を歩きまわって、ビラは数十枚ずつ縛って市中の道路に捨ててきたという。また翌朝の新聞にも折り込まれて配布された。

ドンラン飽くなき

吸血児！
彼の富電の暴挙に
向かって奮起対抗せよ！
過れる光明を廃して！
正しき暗黒を迎合し！
而して後ち……始めて正しき……
光明に浴せよ！
吾等が敬愛する！　大富山市民よ！
獣心的……目前の我欲を捨てて！
社会共存の！　本領に
醒めよ！

アジテーションの一部である。
ビラの効果は上々で、八月上旬には、富山市にも同盟会が結成された。連合会には入らず、共同戦線をはることになった。八十名余りから始まり、やがて七千戸以上が加盟したという。

速やかに自決を

新聞も、大きな出来事として扱うようになった。争議は、他県にも飛び火し、そこから滑川町へ戦術を学びにくる者もいた。連合会に属する同盟会は二十四にのぼり、消灯した電灯は二万四千灯をこえていた。

運動は拡がっていくが、消灯した町にはどこか凄惨な感じも生じてくる。

七月三十日の夜、東岩瀬町の小学校で、町民大会が開かれた。東西水橋町から、角行灯を背負った火防宣伝の自転車隊が数百名、応援にかけつけ、そのまま舞台に飛び上がって大いに気勢をあげ、聴衆二千数百名の盛況のなか、こんな決議文を満場一致で可決したという。

一　我が同盟会の運動を裏切る者に対しては、これを糾弾し、速やかに自決せしむること。
一　当町にある富電会社の工作物を十四日以内に撤収せしめること。
一　町当局は町民各戸に点火器備付その他のため、至急、町会を招集し、経費五千円を提案すること。

そして、もし町会がこの第三項を実行しないようなら、支払い猶予の名のもとに税金不納同盟を断行して、それを軍資金にあてることや、町当局が町営電気事業の経営をしようとしない場合は、組合を組織して実現をめざすことを、申し合わせたというのである。

おそらくこのとき運動の勢いは頂点にあっただろう。だが、すでに現実から乖離し、内向きのあやうい暴力性を帯びだしていた。

一方で、この同じ夜、東水橋町の有力者たちが協議して、未納の電灯料金の内金を払って電灯をつけたほうがいいという結論でまとまっていた。むろん同盟会が認めないことは自明だったが、すでに分裂は始まっていたのである。

内金の支払いは、動力用の電力についてはすでに認めていた。電灯は我慢できても、動力用の電気はいつまでも止めたままというわけにはいかず、東水橋では未払い分の半額、滑川では六割を内金として即納し、争議解決まで切断しないと会社と折り合いがついていた。同じような妥協を、電灯でもしたほうがいいという考えだったのだろう。もし、運動が長引いて急進化していたら、この有力者たちは「速やかに自決」せしめられていたのではなかろうか。

弾圧の時代

こうしているうちにも、政府による思想の取り締まりはいっそう厳しくなっていた。特別高等警察、いわゆる特高は、三・一五事件をきっかけに大増員され、全府県に配置されるようになった。主な警察署に特別高等係が設けられ、全国で警部が百五十人、特高刑事が約千五百人の増員となった。また六月には、治安維持法に死刑罪と無期刑が加えられている。

多くの人々はこのような治安強化を歓迎したらしい。十一月に昭和天皇の御大典が挙行されるということが、思想警察の強化を人々に受け容れさせやすくしていたともいう。社会の雰囲気は大きく変わりつつあった。

消灯が始まってから、東京無産大衆党や日本労農党など、さまざまな無産政党が滑川町に援助を申し込んできた。なかには尾行されているのをまいて、わざわざ滑川町を訪れた者もあったという。だが同盟会は、世間の誤解を招くからと、そうした申し入れをすべて断っている。あくまで政党を超越して所期の目的を果たす、ということを七月三十日に決議している。

争議ブローカーという汚名

電灯争議は、全国各地へ飛び火しつつあった。逓信大臣は白根富山県知事に速やかな調停を命じる。八月三日、知事は、連合会幹部を集め、知事の調停に無条件で白紙一任してほしい、そして無点灯のままでは治安上よろしくないので点灯したうえで争議を続けてほしいと、要望を伝えた。

もちろん、のめる要求ではなかった。県との交渉は、東岩瀬の宮城彦造を中心とする代表委員が行い、何度も知事や内務部長との話し合いがもたれたが、平行線をたどるだけだった。無条件で一任するわけにはいかないという代表たちに、知事は、けっして民衆の期待を裏切るようなことはしないと請け負い、自分は会社側の過ちもわかっている、調停はあくまで公正に行うと語って、信頼を得ようとする。その繰り返しだった。

どこかで譲らないと話が進まないと考えたのか、宮城は斉藤内務部長に、次善策を提案した。消灯して多大な犠牲と費用を負担してきた五つの町に対して、何らかの名目で寄付をしてほしい。それであわせて三割五分の電灯料値下げに相当するようになれば、白紙一任ということも可能になるだろう。

斉藤は即答した。

「県としては甲乙の差別はできませんが、おっしゃることはよくわかります。この問題は富山電気と直接に交渉してください」

調停を受け容れる「付帯条件」として、富山電気に、消灯した家々への損料、慰謝料などを交渉してはどうかというのである。宮城は知人を通じて、富山商工会議所の会頭、出水寛義から争議の解決に助力したいと伝えられていたことから、この件についての交渉役を出水に依頼する。出水を窓口として交渉しながら宮城らは相談を重ね、一戸あたり一日一円として、断線地帯の七千戸が十七日間で十三万円という概算をし、八月十一日、出水を通じて富山電気にこの金額を提示した。

そこで突然、新聞が、このことを同盟会幹部の専断としてすっぱぬいた。「十三万円事件」と呼ばれ、宮城らは「争議ブローカー」とみなされた。同盟会幹部が争議を利用して大金をせしめようとしているというのだ。それまで同盟会に共感していた人々の心は離れていった。批判的にもなった。同盟会の内部にも、幹部に対する不信感が広がった。こうなると、もはやシビアな運動の継続は不可能である。十三万円を求める交渉は中止された。連合会は、すみやかな決着を求めて、知事への白紙一任という易しい道を滑っていった。だが、すでに町営電気事業の計画に向かっていた滑川町では、アセチレン灯を各戸に配布するなど、争議の長期化にそなえていた。妥協にしかならない調停を受け容れることなど、筋違いな話でしかない。

八月十七日、方針の違いから、滑川町は他の同盟会と袂を分かつ。連合会の本部事務所は、西水橋町へ移された。滑川町は、電気町営化をめざして独自の道を進む。

怪紳士と調停案

八月十七日、斉藤内務部長が宮城に面会を求め、その際、知事調停の値下げ率は二割ほどになるだろうとほのめかした。それは妥協できる数字だったのだろう。翌日、連合会代表が揃って知事と内務部長に会い、白紙一任を内諾することを伝え、調停案を見せてほしいと願った。しかし知事は、それはできないとして、十九日の午後一時に発表すると約束する。

十九日の午後一時、約束にしたがい各地の同盟会の代表者十一人が県庁で待っていたが、なんの案内もないままに時がすぎてゆく。そのうちに連合会本部から、「大阪の電気協会の会長がきて知事に会見を求めたという情報があるから、すぐに白紙一任は一蹴して帰れ」という連絡が届く。東水橋、東岩瀬の実行委員からも帰るようにと勧告してきた。

それでも代表らは待ち続けた。夜九時になってようやく、十時に会見するという案内があった。そこへ、知事官舎を監視していた富山市の同盟会から情報が入る。

「知事官舎の表門から一人の怪紳士が自動車に乗ってでてきたが、富山日報社の隣の人力帳場で人力車に乗り換え、今度は知事官舎の裏門から官舎へ入っていった。それから五分ほどすると、またしてもその怪紳士が出てきた」

この怪しい紳士の乗った人力車の後をつけていくと、やがて帰った先は、富山電気の常務、山田昌作の自宅だった。

この情報を聞いて、西水橋町の篠田耕三は思わず、白紙一任は撤回しようと叫んだ。しかし他の代表者が、それに強く反対する。

そこへ、またしても本部から電話が入る。「富山電気の三村課長が親戚の初川という北国新聞の記者に『調停案は一割三分だ』と漏らした、と連合会本部に伝えにきた者がいる」というのである。

いよいよ不信感が募る。それでも、彼らは帰らなかった。ただ、「一割三分又は一割四分以内の調停案ならば絶対無効なり」という一箇条を入れるなら白紙一任を承諾する、ということにしようと申し合わせて、知事に会見した。

だが、そのことを告げると、知事は「一割三分ということはないから信じてくれ。諸君の顔をつぶすようなことはけっしてない」と言う。そこで篠田が、「なぜ常務を官舎に入れていたのか」と問うと、知事は「決してそんなことはない」と、しらばっくれた。ちゃんと確認した者がいるのだと問い詰めると、今度は「調停案を納得させるために呼んだのだ」と言い訳した。

「ならば、なぜこちらにも同時に承諾を求めないのか。それでは白紙一任とは言えないではないか。白紙一任とはそんな不純なものなのか」

「いやけっしてそんなことはないから、どうか信じてくれ。一般の民意にそむくようなことは決してしない」

そう請け合う知事を、篠田以外の連合会の代表たちはなぜか、信じた。

ついに調印となった。皆が順に調印していく。最後に篠田に回ってきたとき、篠田は嫌な予感に耐えがたく、改めて調印に反対を唱えるや、部屋を飛び出した。

後を追った宮城が、篠田を説得する。

「それは無茶な態度というものだ。調停案を見てもいないのに反対するという話はない。この宮城を信じてくれ、頼む」

そう言われ、また他の代表たちも出てきて懇願するので、ついに篠田もあきらめて部屋に戻り、調印した。

すでに時刻は、午前一時半だった。

調停書が発表された。

代表らは、一言半句の質問さえ許されないまま、解散を命じられた。

宿へ引き揚げた一同は、夜が明けるまで、誰一人として言葉を発しなかった。

夜明けとともに、代表らはそれぞれの町の事務所に帰っていった。

西水橋の事務所には、町民たちが一斉に押し寄せていた。

「本部からあれほど注意するよう連絡したのに、なぜ調印したのか」

「なにか不純なものがあったのではないか」

責め立てる怒声、罵声の前に、篠田は何も言えず、ただ身を投げて詫び、皆に我が身の処決を願った。

このまま町の代表にしておいていいものか、あれこれ言い合う喧噪が渦巻いていたが、やがて年長者の取りなしがあり、許された。だが誰の心からも、わだかまりは消えなかっただろう。

知事の調停で決められた値下げ額は、五燭光で五銭、十燭光、十六燭光で十銭。割合で言えば一割三分七厘。以前に蹴った調停案よりも小さな数字だった。

連合会本部にもたらされた情報は正しかったのである。調停書は、富山電気側には八月八日にすでに見せてあった。グルだったということだ。それにしても、そうと気づいて当然の情報が次々と届けられながら、なぜ代表者たちは夜遅くまで待ち続け、いいかげんな言い逃れをする知事を信じ、調印してしまったのだろうか。たしかに奇妙で、町の人たちが怒ったり疑ったりしたのも当然だと思う。とにかく早く決着をつけてしまいたいという、焦りがあったのだろうか。

連合会の運動は、失意にうちのめされながら、最後を迎えた。残った望みは、先に篠田と宮城が告訴した法廷闘争の可能性だった。

だが、それも検事局から「大局から見て、電気争議はほぼ目的を達し、成功したというべきであるから、取り下げてはどうか」と慰撫され、ついに告訴は採りあげられなかった。

八月二十一日、それぞれの同盟会の解散式が行われた。西水橋でも行われた。今度は、本当の葬儀に並んでいるかのように、誰もが悲壮な面持ちだっただろう。

滑川町のさらなる闘い

調停の受け入れとともに、町々に電灯がともされた。今なお消灯を続けているのは滑川町の同盟会のみとなった。

電灯がなくなってからは、ランプや行灯が復活し、道行く人は提灯を下げて歩いた。同盟会の決議により、八月十三日からのお盆には、消灯祭を行い、角行灯やホウズキ提灯などを軒に並べて夜を飾ったという。電灯のない暗さを逆手にとって楽しみを作り出してもいたのである。

一方で十二、十三日と、県警察部長は、争議の起こっている各町の警察署長を招集し、争議への取り締まり強化を指示していた。集会やビラを取り締まり、自転車宣伝も一台に限るとされた。弾圧への動きがいっそう露骨になりつつあった。

八月十八日、東京からやってきた布施辰治が滑川町の中島座で演説し、千人あまりの聴衆を集めたが、この夜の印象を布施は手紙に次のように記している。

「実際私は今日まで幾多の争議と云う争議を視察しました、けれども這般《しゃはん》の夜の滑川町を視察した電気争議の如く沈痛凄惨なる情景に感慨無量ならしめられた事はありません」

布施には、電灯のない夜の町が「沈痛凄惨な情景」と見えた。その夜は、他の同盟会が調停による解決を選び、袂を分かった翌日である。一町のみで消灯しつづける覚悟をした町民には悲愴な雰囲気があったのかもしれない。

知事調停の後も、警察は弾圧の方針を緩めない。調停に加わらなかった富山市の同盟会に不満の募っていることや、連合会幹部のなかに「女々しくもなほ二割二分の値下げを徹底するまで他の方法で継続すると騒いでいる」ような「不平不満を抱く分子」がいることについて、県警では「実に民心を攪乱し、不安を招致せしめるもの」として、「大いに監視の必要」があり、「従来の如き寛容な取り締まりでは絶対に民心の安定を期しられ《ママ》ぬから、大なる覚悟を以て厳重に取り締まらねばならぬ」と語ったと、新聞に報じられた。むしろ調停を区切りとして、以後の運動は取り締まるべき反社会的な行動と断じられるようになったのである。この記事に滑川町への直接の言及はないが、取り締まりを強化する方針が、唯一の消灯闘争を続ける町に焦点を置くことは明白だった。

調停の結果を知った直後に、滑川町同盟会は、知事調停の結果を批判し、町営化の方針のもとになお闘い続けることを宣言している。その宣言書は、次のような激しい言葉で結ばれている。

一切の法規を無視し憚らざる横暴なる富電会社との需給関係は吾人の社会生活に不安を与えるものなると同時に、公益事業者たる本質を忘れたる一営利会社の下に不法なる犠牲に甘んずるを不得、これ憲法治下に生きる国民として大なる屈辱なりと信じ、国本の命ずる自治体の本領を発揮し天下正義の為め合法的手段により、町営実現までは凡ゆる困難を廃し、飽くまで戦闘を持続するものなる事を、謹而満天下の大衆に向つて宣言す。

言葉は激しいが、やっていることは、富山電気からの電気供給を受けず、町営で電気事業をなすべく準備しているだけである。しかも町営化は、大正八年に富山電気も協力を約束していたことなのだ。だが警察は、これを弾圧する。まずは戸籍調査を名目に戸別訪問をしてまわり、忠告したり、幹部の家族に、いい加減に手を引かせた方がいいと吹き込むなど、隠微なやり方から始めたという。

しかし町民の意気は高かった。

八月二十四日午後八時、滑川町の田中小学校講堂で町民大会が開催されると、三千人という、これまでで最多の参加者が集ったのである。警察のやり方が逆効果になったのかもしれない。次々と弁士が登壇し、熱い弁舌をふるうたび、会場の熱気は上がっていく。十時頃、その熱の高まっている会場に、警察署長みずからが臨検にやってきた。署長が着席すると、聴衆のなかから声があがった。

「弾圧の親玉！」

署長は一瞬、動揺した様子を見せたという。演説には、たびたび「中止」が命じられた。弁士のなかには臨検席に向かって、

「今のは中止ですか？　注意ですか？　言葉がはっきりわかりませんので」

と、念を押してみせる者もいた。

代表が、消灯を続けざるをえない理由を述べていると、署長が突如として大声をあげた。

「解散！」

騒然となった。三千人の聴衆は、新聞紙を紙つぶてにして、署長に集中攻撃をくらわせた。

「署長！　登壇して解散の理由を言え！」

叫ぶ声に、やむなく署長は登壇し、五分間ばかりしゃべった。

「まるで理由になってないぞ！」

「官憲の横暴だ！」

三千人の聴衆が床を鳴らし、卓を叩いて、抗議した。

このままでは危険とみて、署長は幹部に「明日また大会を開くということにして、今夜はこれで解散してほしい」と頼んだ。幹部代表は登壇し、解散は日本の法律の定むる絶対権である

と述べ、今夜は静かに解散してほしい、明日再び演説会を開くと伝える。

一同は、「同盟会、万歳!」を叫んで、会場を後にした。

翌日、同盟会本部に次々と情報が入る。県の特高課の次席が滑川署に出張しているという。また、駅に汽車が着くたび、三、四十名の警官が降りているという。それほど大勢の応援巡査が来るということは、おそらく騒擾罪で全員を検束するつもりではないか。

危険を察知した同盟会では、町民大会の開会時間の寸前になってから、ひそかに全町に中止を伝達した。大騒ぎを予想し気負いながら講堂に入っていった警官隊は、空っぽの会場に呆然と立ち尽くした。

みごとに肩すかしをくわせたものの、それだけに警察からの干渉は激しくなる。

二十七日、同盟会は、県当局が警察署員を介して点灯を勧めてまわるのをやめてほしいという声明書を発表した。赤穂村でもそうだったが、警察は電灯会社の営業員のようなことをするのだ。滑川駅前の浜加積《はまかずみ》村辰野、中川原村では、ついに一戸につき十燭光一灯をつけることになった。駅前には、旅館や飲食店など警察の取り締まりを受けるところが多かったため、抵抗できなかったのである。警察権限を利用して電灯会社の斡旋をしているようなものである。

むろん建前は、電灯をつけないことは、治安、衛生、風俗上よろしくないなどという。そんなことは言うまでもなく、滑川町民こそ点灯の日を待ち焦がれていた。だが、そうできないのは、あの富山電気会社が「公益事業たる本質を忘れ法規を無視してあえて憚らず、暴力団を組織しわれわれ需要者たる町民を苦しめ凄惨暗然の境地に陥入たる最も憎むべき公道の敵たるのみならず、彼の富山電気会社の電流に依ての点灯を奨めらるるは法治国民に対して精神的に命示する死刑の宣告たりと想感するがゆえ」であった。

そもそも滑川町民は富山電気の供給する電流でなければ点灯してはならないという法規があるわけではない。まして法規を無視し横暴をなす富山電気には、点灯する権利はない、このようなものに再び営業を許すなど、我が国の法を軽視することである。

「彼らは開口一番すれば共存共栄と言う。彼らの共存共栄とは彼らの資本網によって我らの生活をあやつる吸血の魔手である。産業資本時代の自由競争は金融資本に転化し、独占企業となり、カルテルとなりシンジケートとなりトラストとなり、電気協会となる」（八月三十日付「民衆新聞号外」『1928年の電気争議』所収）

敵は、一企業ではなく、全国の電力資本の総体であり、具体的に暗躍しているのは電気協会だった。

帝国議事堂焼失事件を機に共同防衛体制をとるため明治二十五年に結成された電灯協会は、翌年に日本電気協会と改称。明治四十三年には大阪支部が設けられたが、これが東京と衝突して分裂、大正二年に中央電気協会となった。九州地区では大正四年に九州電気協会が設立され、以上の三協会が大正十年に合同し、名称は電気協会となる。全国の電気事業者を束ねる巨大な業界団体となったのである。

知事調停の結果も、その前後の動きから、電気協会の介入によって策定されたものであろうことは見え透いていた。

電灯料金値下期成同盟会は、米騒動よりは組織的な運動だったが、労働組合や農民組合のような戦線を統一する組織がない。対して電力会社側には、全国の戦線を統一する電気協会があり、その強大な力のために、たとえば地主や家主の力を一応は制限するようにみせかけた借地借家法のようなものすら、電気争議では立案制定できないのが実情だと、布施辰治は記している（『電灯・ガス・料値下にたいする法律戦術』）。電気業界は政治家や行政とのつながりも深く、業界側の立場を弱くしかねないような法律は、形ばかりのものでさえ制定できなかったのである。

八月三十日の滑川町民有志の声明書は、次のように訴えた。

もともとこの問題は、暴利を貪る富山電気に泣かされてきた民衆の叫びであったにすぎず、電気争議でもなければ、いわゆる社会問題でもなかった。一地域だけの問題にすぎなかった。だが富山電気は電気協会の策応を求め、他の電気業者をまきこみ、自らの罪悪を一般に転嫁して、社会問題化させた。そうして奸計を弄し、知事に白紙一任という段取りを仕組んだのである。だが富山電気を応援する電気事業者は何を脅える必要があるのか。正当な業者には不平の起こるいわれはない。現に隣町の大岩電気株式会社は、富山電気が見向きもしない山村に供給しているので、料金は二割も高いが、村民は共存共栄ということを理解している。大岩電気の重役は無報酬で、配当もせいぜい七、八分である。そのことに同情し、誰も不平を言わないのだ。誰だって、いたずらに争議を好むわけではない。

このように会社側のいう共存共栄とは違う共存共栄の考えを、この声明書は提示している。たんに料金が高いという不平ではないのだ。その料金が、不当なものであることが問題なのだ。

この主張は正論ではあろう。しかし、この八月中にもすでに全国で八十一件もの電灯争議が起こっていた。どこでも電気会社に対する不平が募っていたし、電力会社はその爆発を脅威としたのである。そして、それらの争議は、九月から翌年初めにかけて、みな富山の知事調停にならった値下げで決着した。富山の電灯争議は、まがりなりにも値下げを実現し、それが各地の電灯料金の値下げにつながったことをもって、この争議は同盟会の勝利であったと評価されたが、裏返して言えば、富山の知事調停は、電気協会が各地の争議を収拾するためのモデルケースでもあった。

電気協会のほうでは、電灯争議のことをどのように考えていただろうか。『電気協会十年史』にはごく短く、次の記述があるだけである。


近来各地に蜂起する電気料金値下運動は、動《やや》もすれば勢に乗じて無謀なる要求を敢てし、之を危険思想の実行手段に利用し、或は一部人士の売名の具に供せらるる等其の動機不純のもの多く、延いて之が為に当業者需要家相互の感情激化し、遂に料金不払、消灯、断線等の不祥事を醸せる例少なからず、依って之に対する適当の措置を採らんことを当局に要望せり。

値下げ運動の主張にはまったく触れず、運動の動機の不純のみを主張し、「適当の措置」を「当局に要望した」と記すのである。

これが昭和二十八年に発行された『三十年史』になると、昭和二年の滑川町に端を発した値下げ要求の運動は「恰《あたか》も燎原の火の如くに全国内に波及拡大するに至った、殊に大正三年以来反動的に招来した農村不況の問題と相俟《あいま》ち、これに社会運動も加わるものがあって値下げ要求は益々深刻化せられ、昭和五年ごろまでに起上した全国に於ける電気料金値下げ運動の争議は、その件実に八百を下らなかった」と、運動の大きさを認め、戦後まもない世相を反映して、侮蔑的な表現も抑えられている。また「本会は、それ等問題の発生地方に屡々《るる》役員または職員を特派して状況の調査に当ると共に、かかる運動が唯に当業者の脅威である斗《ばか》りでなく、事業の根底を破壊するに至るべき虞《おそれ》を懸念し、数次に亘って関係各大臣並に地方長官に陳情して、適当なる取締と措置とについて要望するところがあった」と、その対応についても少し詳しく記された。

その「適当なる取締と措置」を求める要望に応じて、調停がなされ、警察の弾圧は強まっていく。滑川町の同盟会も、演説会のような活動は困難となり、おもに文書による主張によるしかなくなった。十一月の御大典を前に焦る県や警察は、取り締まりの方針をさらに強めたが、同盟会は合法的な活動に徹していたので、手を出すに出せないまま、時がすぎた。

表だった活動もできないまま膠着状態が続けば、町民は疲れてくる。だから先の町民有志による声明書には、少し泣きが入っている。ホントはこんな大ごとじゃなかったのに、相手が責任逃れで話を大きなところにもっていったから、こんなことになってしまったんだと、攻め方が後退戦の構えをとっている。そして消灯生活に耐えていることを「彼の暴戻を恨み町営の実現を希望する弱者の哀態を如実に示すものならずや」と訴え、県に適当な救援措置をとってほしいと嘆願しているのである。おそらく弾圧の強まりも影響していただろう。

滑川町の藤田町長は、県の内務部長らに面会し、町営実現を富山電気に斡旋してほしいと協力を求めた。だが県側はそれを断り、会社に直接かけあえと突き放す。しかも電気会社と対立したままでは町営実現は難しいから、まず点灯してから交渉してはどうか、と奨めた。

町営電気調査委員会は、町長からの報告を聞いて、もし富山電気が誠意をもって町営に賛成するというのであれば、点灯して料金を全納し、知事の調停に従おうと決議する。町営電気を実現することのみに目的を絞り込み、他は譲歩することにしたのである。会社との交渉が行われ、やがて富山電気は、

「滑川町は町営電気を起さるゝ時は会社は一般取引の観念を以て誠意援助すること」

という契約文書案を提示してきた。

一見よさそうだが、「一般取引の観念を以て」という文言が怪しい。公営化をめざした自治体が電力会社から施設を買い取ろうとして高値をふっかけられた例がいくらでもある。この文言は、価格つりあげのための伏線ではないか。調査委員会は、この文言の訂正を申しこもう、しかし、もし拒絶されても、この文案を承認し点灯しよう、と決定した。

消灯からの日々、町民は不便に耐え、消防組では毎晩、十三人ずつ出動させて非常警戒してきた。今後、警察の弾圧はいっそう強まるだろう。気分が盛り上がっているうちはいいが、すでに疲れが出ていた。町民一致でこれ以上長く運動を続けることはむずかしい。とにかく一札はとるのだから、受け容れようと考えたのだ。

会社側は訂正を認めず、十三日、次のような覚え書きが取り交わされた。

「滑川町の計画に係る電灯小口電力の町営に関しては町と会社とは普通一般取引観念の下に双方誠意を以て交渉するものとする」

なぜか会社が町営化を援助するという内容ではなくなっているが、その経緯はわからない。

こうして九月十五日の夜、滑川町にもふたたび電灯がともった。八ヶ月にわたる係争は終結した。全町消灯から四十九日目のことだった。

日本電気協会の『三十年史』によれば、昭和五年までに八百件ほどの電灯争議が起こった。実際には、件数こそ減ったが、七年頃まで電灯争議は続いている。そして運動への弾圧ははるかに暴力的なものになっていた。無産政党が値下げ運動の組織化にかかわる場合が増えていたためでもあるが、かといって運動の主体が政治結社であったわけでもない。むしろ商工会議所や実業組合が陣頭に立つことが多かった。商工会のような地域の経済振興を目的とする団体は、無産者の代表ではないが、激しい闘いを繰り広げることもあったのである。

たとえば昭和五年に弘前市で始まった電灯争議も、黒石商工会と労農党関係者とが話しあって「弘前電灯料金値下要求期成同盟会」を結成して始まり、同盟会の会長には商工会会長が就き、会計係も商工会の適任者が担当した。労農党側は組織宣伝を担ったという。滑川町の頃とは違って、この頃の争議はかなり激しい攻防が行われた。料金不払いに対して、弘前電気は断線隊を送りこみ、同盟会側は、切断された電線をすぐに自分らでつないで点灯した。それが違法とならないことは布施辰治弁護士が保証していた。だが、会社はまたすぐに工夫を派遣して断線する。またつなぐ。いたちごっこだった。

演説会では、臨検する警官が「中止」を命じたり、弁士を検束したりという小競り合いが繰り返される。昭和五年七月には、弁士中止を命じた警官たちを聴衆が袋だたきにし、同盟会幹部全員が逮捕されるという事態にもなった。その逮捕を逃れて逃亡生活を送った人々がいたり、会社が同盟会幹部への批判を広めて会員の切り崩し工作をしたり、詳しく記せば、富山の争議よりもはるかにドラマチックな物語になる（竹嶋儀助『われらかく闘えり』がその当事者による記録として貴重だ）。むろん弾圧がそれだけ厳しいものになっていたからである。

昭和七年に「電灯料金不納同盟」を発足させ、能登一円に料金値下げ運動を広げた河野登喜夫は、特高警察に二度にわたって逮捕され、厳しい拷問による衰弱から、昭和八年、二十四歳にして没している（山岸一章『革命と青春』）。電灯争議は、もはや命をかけなくてはできないような運動になっていた。

富山電気は、昭和三年末に石川県の小松電気を買収し、社名を日本海電気株式会社と変更した。滑川町はいつも通りの生活に戻ったが、町営電気実現の意気は萎えることなく、日本海電気とも交渉を重ねていた。しかし電灯争議が終結してまもない昭和三年十一月二十八日、富山県議会では、電気県営調査会の設置が満場の一致で可決されていた。県営電気事業は大正九年に始められ、大規模な水力開発を次々に行っていたが、配電は行わず、発送電のみを行っていた。つまり、製造し卸売りするだけだった。後には公営としては破格の発電量で一般会計への繰り入れもできるようになるのだが、このときはまだ厳しい状態で、昭和三年には収益がマイナスに転じていた。それを立て直すためか、電灯争議への反省か、県下の電気会社をすべて買収して県営のみにしてしまおうというのである。

この計画は、滑川町の町営実現をはばむものとなった。日本海電気が、県営問題が解決するまで町営についての交渉は猶予してほしいと言ってきたのである。実際、県営のほうがどうなるかわからないままに話を進めても仕方がない。滑川町は猶予を認め、それでも計画自体はあきらめていなかった。

しかし、日中戦争となり、県営化の計画が進まなくなり、やがて電力が国家管理されることになって、県営も町営もみな幻と消えた。

この争議の経緯を調べた富山大学教授の梅原隆章は、昭和二十八年出版の『一九二八年の電気争議』で、「現在、町の古老層は、この問題について多く語ることを好まない」と記している。触れられたくない過去になってしまったのだ。


その理由は、電気争議以後、滑川町という名と、米騒動、電気争議という言葉が固く結びつけられ、両問題とも全国的に波紋を及ぼした為に、絶対主義社会を構成し、特高警察の監視を強くした戦前日本にあっては、売薬等の仕事で全国を歩いて白眼視され、或は危険人物の多数住む町より来たような印象を表明されて不愉快な経験を積んで来ているからである。


戦時体制のもとで作られた忌避意識が、戦後も変わらずよどんでいたのだ。はたしてそれは解消されたのだろうか。

いま、電灯争議についてのまとまった研究はほとんど見当たらない。単著の研究書としては梅原の一冊だけではないかと思う。それも富山の電灯争議のみをあつかったものだ。日本中を吹き荒れた、一つの時代を象徴する争議と言ってもいいと思われるのだが、米騒動ほど広く知られてもいない。米騒動には膨大な資料や研究の蓄積がある。電灯争議が起こった時代は、小作争議や労働争議も膨大に起こっていたから、それらに較べて小さく評価されているのかもしれない。電灯争議は他の争議と違い、横断的な組織による統括をうけない、階層的にも幅広い人々の運動だった。今日でいえば消費者運動に近いだろう。一地域の人々が共闘した運動ではあったが、共同体が主体であったわけでもない。布施の言葉で言えば「街頭的結成」をした運動であった。それゆえに研究も薄いのかもしれない。しかし今日からみれば、だからこそ、もっとも研究されてしかるべき争議の姿ではないかという気がする。

自然の恵みとしての電気

布施辰治は、『電灯争議の新戦術』の冒頭で、「一農民の電灯料金観」について紹介している。まず、取られる金のうちで、一番しゃくに障るのは電灯料金だという。なぜなら、一年の税金を滞納した自転車（昭和三十三年まで自転車は課税されていた）でも、差し押さえられるだけで、それが競売にかけられるまでは、税金を払わずとも乗ることを禁じられはしない。ところが電気料金ときたら、一月か二月遅れただけで、電灯会社は断線して照明を奪ってしまう。そのやり方はあんまりひどいじゃないか、というのである。

一農民の怒りの言葉は続く。

日本の電力は山紫水明の国だと言わるゝ山と川との間に流れる水の力である。それに僅少の発電装置を加工しただけのもので、私ども総ての人類に解放せられた、そして総ての人類をその懐に抱く自然の恵みを垂れた、山と水とを一部少数の資本家地主政府が政治的支配の名に於て、所謂発電所の認可権を擁して経済的支配の巨大な資本勢力を有する電気事業家なるものと結託して、自然の力を掠奪するものである。

そうして皆に恵まれているはずの自然の力を掠奪した少数者が、こともあろうに、掠奪されている者たちに掠奪した電気を供給するにあたって、驚くべき暴利を貪っているのだから、電灯料金徴収の惨酷さは真に呆れてものが言えない。

電力会社が水力発電の電気を売り込むために謳った、山紫水明の水源から生み出された電気という観念が、ここでは電気の共有性の根拠にされているのだ。

布施は、この一農民の考えは、「恐らく電灯需要者大衆の総てが経験している実感そのままの考え方だと思います」と記しており、いささか驚いてしまう。今日、電気を生み出している自然は誰のものでもなく、その恵みはわれわれ皆のものだと、このように考える人が、どれだけいるだろうか。ほとんどいないのではないだろうか。

それは水力発電の比重が小さくなったことが理由ではないだろう。誰のものでもなく共有されている「自然の恵み」という感覚が薄れたせいだと思う。

水は天から、あるいは山からの恵みだ。そして不足すれば死活問題になる。だから水田に引く水の分配は公平であるべきで、誰かが独占することはありえず、もし我田引水する者があれば水争いが起きた。生活用水にしても独占はありえない。

また、かつての村落には、村人の誰もが薪炭や用材、肥料にする落葉などを採りに入れる共有の入会《いりあい》林野があった。囲炉裏《いろり》にくべる燃料などは、そこで集めた。まぐさや屋根をふくための萱などを採る草刈場も、同様な共有地だった。川原や原野である。そこは田畑のような所有地とは別の、「自然の恵み」を受けられる公共の場所だった。

この入会地という感覚が、日本人にとっての公共性のイメージにつながっていたのではないかと思う。一章の赤穂村が、外の資本家の入ることをいやがったのも、村に流れる川で発電する電力供給に入会のような共有性を感じていたからかもしれない。中沢村や上郷村が、村内の全戸が一斉に点灯するのでなければ民間企業には供給を任せられないとして村営を決意したのにも、そうした感覚が想像できる。むろん入会地の公共性は、多くの場合、共同管理を前提にするので、村落の内部に閉じられたものにすぎない。そこで社会問題となるときには、「入会地」

の思想は、「自然」の思想へと転換された。「自然」を少数の資本家が利権として独占することはゆるされない。しかし政府がそれを独占させるというなら、その産物は公共的に分配されなければならない。電灯争議の前提には、このような観念があったと思う。だからこそ会社の不正がいっそうゆるせなかったのではないだろうか。

そして現代人の多くは、電灯争議にあまり共感できないのではないかとも思う。高すぎる料金の値下げを要求するのはわかるが、なぜそのために町が一斉に消灯したり、命がけになってまで運動するのか。弾圧があったからとか、社会主義的な理想をナイーブに奉じていたとか、昔の人は単純で熱くなりやすかったとか、そういうことで納得するのは、間違いだと思う。おそらく、自然観に基づいていた公共性の観念を、我々が失ってしまったために、わかりくくなっているのだと思う。我々には、電気が自分たちのものであるべき「自然の恵み」だという観念は薄くなっている。「自然の恵み」を少数者が独占的に占有していることは今日いっそう深刻な事実になっているにもかかわらず、である。いや、そうなっているからこそ、なのだろうか。それは公共とか公益とかいった観念が、いつか、どこかで変容し、「自然」と無縁になったということを意味しているだろう。

第六章　仁義なき電力戦争

一　政党の対立と大衆運動

大正三（一九一四）年七月二日の夜、岐阜市民数千人が徒党を組んで、街灯に石を投げつけ破壊してまわった。騒ぎは三晩にわたって続き、その間、岐阜市は暗黒となった。それは料金を値上げしようとした岐阜電気株式会社に対する、激しい反発と要求の表明だった。

発端は、その年の三月、岐阜日日新聞社の社長、匹田鋭吉《ひきたえいきち》が、記者に電灯料金値上げに対する反対論を書かせたことだった。

明治末頃から電球はカーボン式からタングステン球に替わった。はるかに明るくなって、しかも消費電力は三分の一になったのだ。これは電灯普及の画期をなした出来事だった。ところが、岐阜電気は値上げをするという。むしろ値下げをするのが当然ではないか。

この主張は、市民の共感を呼んだ。岐阜電気は一割ないし一割二分の安定配当をしていたが、不況のために電灯料金が相対的に大きな負担となっていた商工業者や家庭には不満が募っていた。岡崎や浜松の電灯会社より料金が高かったこともあって、独占企業が不当な利益をむさぼっていると感じられていたのである。

その後に岐阜市長を経て貴族院議院となる松尾国松《まつおくにまつ》の『八十年の回顧』によれば、岐阜日日新聞の社主、匹田鋭吉は政友会系の人物で、これから政界にうって出る野心を持っていたので、名をあげるべく、新聞を利用して、さかんに電灯会社を攻撃し、市民に運動を起こすよう呼びかけたという。そして「金津くるわの顔役で遊侠仲間のボス的存在だった中原時次郎や、米屋町の砂糖屋の青年佐藤某などが陣頭に立って猛烈な値下げ運動がおこされ、電灯料金値下げ期成同盟が組織され、全市民の関心は日増しに高まっていった」。

その同盟の主催で市民大会が催されたが、回数をおって参加者は増え、会場には入りきれず、場外になお数千人があふれているというほどになった。会社が値下げしないなら、一致団結して消灯する不買運動を実行しようという主張が拡がり、六月末には市内全町の三分の二にあたる百五十町が消灯するまでになったという。

七月二日、いよいよ盛況となった市民大会に、東京から『万朝報《よろずちょうほう》』のジャーナリストで民本主義の提唱者、茅原崋山《かやはらかざん》が応援にきて演説した。茅原は、「値下げ要求だけでは会社に打撃を与えることはできない、全市の電灯を消して暗黒の町と化すような実力闘争をやらなければ勝利しない」と、市民の勢いをいっそう煽った。

発憤した市民は、市民大会が解散してから、数十名ずつで一隊となり、点灯してある屋外灯に投石して次々に破壊して歩き、ついに岐阜全市を漆黒の闇に帰したのである。

このとき、ほとんどの商店、それどころか岐阜電気の社長、岡本太右衛門が取締役であった十六銀行でさえも、市民の反発をおそれて、廃灯に参加していたという。ところが岐阜日日新聞社のライバル、濃飛日報社《のうびにっぽう》の前では、これみよがしに百燭光の電灯が煌々と光を放っていた。『濃飛日報』の社長、岡井藤之丞《おかいとうのじょう》は、元衆議院議員で弁護士という人物だった。

明治四十三（一九一〇）年に、勢力を強める立憲政友会に危機感を覚えた対立党派が統一新党を作ろうとした動きのなかで、政党政治をめざす立憲国民党と、藩閥に近い中央倶楽部が結成されたが、岡井は中央倶楽部に属した代議士だった。中央倶楽部は、桂太郎内閣の別働隊というべきもので、大正二年に桂が没すると、加藤高明を総裁とする立憲同志会に合流する。この立憲同志会と、やはり政友会に不満を高めていた尾崎行雄の中正会・公友倶楽部などの諸政党が大正五年に合同し、憲政会を結党することになる。

当然、岡井は政友会の匹田とは対立していた。しかも濃飛日報の社屋は岐阜電気の社長から借りているものだったという。濃飛日報は運動当初から岐阜電気を支持し、値下げ運動には反対していた。電灯を消さなかったのはその主張の表明である。

闇の町にただ一つまぶしく輝く電灯に、憤激した数百人の群衆がおし寄せた。中原時次郎らが代表として社内に乗り込み、強談判を始める。そうするうちにも外では、ガラス窓を投石で破ったり掲示板を押し倒したりという打ち壊しが行われた。

群衆はますます増えて、二隊に分かれ、今川町の電気会社と小熊野の変電所を襲い、石を投げ、塀を壊し、石油をつけたぼろ布に火をつけて投げ込んだりと、エスカレートしていった。まもなく警官隊が鎮圧したので、さほどの大事にはいたらなかったが、騒ぎのうちに知らぬ間に私服警官から背中に白墨で目印をつけられた者たちが、解散後、帰る途中で検挙された。有罪者とされたものは三一名にのぼったという。

当時は県の役人だった松尾国松は、知事の命を受けて調停案を作るべく、ひそかに岐阜電気へ行って重役に会い、三晩かかって原価計算して、二銭の値下げが適当だと結論する。だが、値上げするつもりだった会社はむろん不服だったし、匹田もその程度の値下げでは承知しない。結局、大阪の管理局が調停に入って、二銭の値下げで決着する。市民は、たった二銭では、なんのためにあれほど騒いだのやらわからんと不満を募らせ、同盟幹部のなかにはしばらく姿をかくす者もいたという。

松尾はこの事件を「当時の二大政党であった政友会と憲政会の対立を背景とし、二つの日刊新聞の反目競争がからんで発展したのであったが、市民大衆としては電灯料金を値下げしてもらいたいという素朴で切実な生活の要求にもとづいて行動したのであった」と評している。

料金値下げ運動には、市民に不満が募っての自然発生的な運動が多かったように見えるが、すべてがそうとは言えなかった。このように政党や新聞、それらと電気会社との関係から作られた場合もあったのである。それらとて、愚かな大衆が煽られただけだとは言えない。策動が火をつけたにしても、松尾の言うように、燃料は民衆のなかにあった。とはいえ、市民運動と見える背景に、別次元の動機や力学があったことも見落とすわけにはいかないだろう。

いやがらせに使われた町営電気案

電気事業の町営化運動でも、同じような例がある。日刊信州内報社の社主、熊谷重一が『伊那谷　電気の夜明け』に寄せた回想記で、大正十（一九二一）年に起こった飯田町の町営電気問題について記している。熊谷は、その頃、信濃時事新聞社の記者だった。ライバル紙は南信《なんしん》新聞で、政友会は南信新聞、憲政会は信濃時事新聞をそれぞれの機関紙としていたという。

その頃の飯田町は、「十人組」と呼ばれる政友会系の重鎮たちによって牛耳られていたが、大正十年頃、憲政会の代議士が勝利して、憲政会系の人々が台頭してきた。憲政会系の町会議員は町政研究会を結成し、町議会での発言力を高めたが、この一派が、電気の町営問題を提起した。伊那電気鉄道株式会社は、大正七年に飯田電灯を買収した。その際に引き継いだ飯田町との報償契約の一条に、もし飯田町が町営電灯を経営する場合には、松川発電所の権利一切と電柱その他の電力送電の施設を譲らねばならないとあったことを根拠として、町営化を主張し、その実現を期す運動を始めたのである。

それは政友会系の「十人組」に対する攻撃だった。というのは、十人組の一人に伊那電鉄の社長、井原五郎兵衛《いはらごろうべい》がいたからである。ここを揺さぶって、あわよくば町長を退任に追い込もうと狙ったのだという。町営案は、「井原いじめ」の手段としてもちだされたにすぎなかったのである。

熊谷は、信濃時事新聞の記者だったから、町政研究会に味方する記事を書いた。南信新聞社は、社長が伊那電の社長、伊原五郎兵衛その人だったから反対するのは当然だ。最終的には、伊那電鉄が飯田町に報償金を支払うことで落着した。ゆえに町政研究会の起こした運動は無益ではなかった、と熊谷は書いている。

町の利益にはなったとしても、動機は党利党略にあり、町営化という要望はたまたまの看板にすぎなかったわけである。たまたまといっても、電気会社がいずれかの政党に与している以上は、このような揺さぶりを受けることがあるのも当然だったとも言える。このようなことは、政党政治である以上はどこでも当たり前に行われていることだろうが、かといってもともと政党政治がそうあるべきものだったわけでもない。

明治のはじめに自由民権運動の担い手であった地方の名望家たちの多くは、議会政治が始まると、地方の要望や主張を中央政府で実現するために代議士となった。地方の名望家は、まず地主であり、さらに米穀商、酒造業、肥料商、呉服商などを兼ねていることが多かった。一部の理想家は、政治に財産をなげうって没落していった。しかし、多くはその資本によって地元の銀行や新聞社、私鉄、電気会社などの経営者、重役となり、閨閥を広げて、いくつかのグループを作り出す。有力実業家たちの多くは政党に属する地方議会議員や衆議院議員、あるいはその議席を狙っている人々だったから、このグループ間には政党による対立が生まれた。

政友会は、これらの地方の名望家たちを取り込むために、鉄道、道路、港湾、橋梁、教育機関などを国費で建設することをエサにした。明治三十年代に星亨《ほしとおる》が始めた手法だという。この手法は、第一次世界大戦中の好景気で莫大な予算を動かせた時期に、原敬《はらたかし》によって徹底された。むろん憲政会も同じやり方で対抗するようになる。各地の有力者たちの所有するメディアやインフラ事業と政党とが、利権と資金のやりとりで密着している仕組みができあがった。知事の任免も党派によってなされ、内務官僚は政友会系と憲政会系とに色分けされて、選挙の結果次第で人員が大きく入れ替わるようになる。警察署長も入れ替わり、敵対政党の選挙違反の摘発に精を出す。各地の事業の許認可も、そのときどきの党勢によって可否が左右された。むろん電気事業は、その影響をもろに受けた。

二 電力戦争

日本最大の喧嘩

大正十四(一九二五)年十二月二十一日の昼下がり、鶴見町潮田(現横浜市鶴見区潮田町)には、一触即発のピリピリした空気が張りつめていた。歳末大売り出しの幟が強い北西風にはためいていたが、ほとんどの店は閉まっていた。人通りも少ない。晴れているのに、民家もみな雨戸を閉めきっている。町が息をひそめて身構えているかのようだった。

午後三時頃、そこに横浜方面から三台のタクシーがやってきた。鶴見川にかかる潮見橋を渡ると、本町通りをまっすぐ走っていく。その先には三谷秀《みやひで》組の事務所があった。三谷秀組は、土木請負業を表看板に掲げた、川崎を中心として地元に勢力を広げている渡世人一家である。

いまは、応援にきた博徒もふくめて、およそ六百人が昂ぶる血の気をもてあましつつ、あたりにたむろしていた。

タクシーに乗っていたのは、東京から応援にきた中村組の十四人である。ただし、応援する相手は三谷秀組ではなく、青山組だった。青山組は東京の土建業者で、まもなくこの近くの埋立地で東京電力の火力発電所建設の工事を開始することになっている。三谷秀組がそれを暴力によって妨害してくるのは確実だった。そこで青山組では地元の松尾組と連合を組み、また大阪の淡熊《たんくま》会からの応援も得て、八百名ほどが対決に備えていた。中村組の面々もそこに加わるためにやってきたのだ。

だが、青山組の事務所へ行くには、潮見橋を渡ってまもなく左折しなくてはいけなかった。その道を見落としたのか、先頭のタクシーは直進してしまった。三谷秀組の事務所のあるほうへ向かってしまったのである。しかも、どうしたわけか先頭の車は三谷秀組事務所の前で停まろうとする。運転手が道を尋ねようとでも思ったのか。

三谷秀組では、青山組の斥候だと思い、車を取り囲んで、なかの男たちを引きずり出す。後続の二台はその横をスピードをあげてすり抜け、応援を呼びに青山組事務所へ向かった。事務所にいた警官が事情を聞いて、おまえらは動くな、自分が行くからと、三谷秀組事務所へ向かうが、まもなく入れ違いに、戸板に載せられた三人の男が届けられる。日本刀でめった斬りにされ、一人はすでに死亡し、二人は重傷を負っていた。

戦いの火ぶたが切られた。

千数百人の男たちがぶつかりあう。匕首《あいくち》や短刀、日本刀、仕込み杖が火花を散らし、ピストル、猟銃、モーゼル自動拳銃が乱射され、スコップやツルハシ、竹槍、鉄槍、鋤《すき》、鍬《くわ》、棍棒《こんぼう》などが振り回された。戦闘はおもに埋立地の草原で行われたが、夜には市街戦となって、商店や民家も巻き添えをくった。

鶴見署は神奈川県警本部に連絡し、川崎署とともに非常警戒体制を敷いた。さらに警視庁へも応援を要請し、鶴見川や運河の橋をはじめ、潮田に通じる通路を完全に封鎖し、東京湾からの伝馬船も上陸できないようにして、隔離した。隔離された区域内での乱闘は放置された。手出しできなかった。あるいは当事者同士で一応のけりをつけさせないと後に尾を引いて厄介になるという判断もあったのかもしれない。

激しい乱闘は夜まで続いた。銃弾が尽きかけてきた青山・松尾組は、とっておきの秘密兵器、鴨撃ち砲という大きな散弾を撃つ旧式のアームストロング砲を轟音とどろかして撃ち放った。弾は四発しかなかったが、轟音を大砲かダイナマイトだと思った三谷秀組は事務所を飛び出して逃げていった。そこへ青山・松尾組の者たちがなだれ込む。事務所を打ち壊し、看板を奪った。バンザイを連呼し、ひきあげる。闘いはほぼ終わった。午後八時二十分頃だったという。

十時半に憲兵隊は、川崎運河と鶴見川を境とする準戒厳令を布告、憲兵五十名あまりが市街地の警戒にあたった。神奈川の警官が七百名、警視庁からの応援千三百名がこの地に入っていた。検挙を始めたのは、午前四時だったという。

『神奈川県警察史』によれば、この喧嘩による死者は二名、負傷者は五十三名だった。一般住民も八名が負傷し、住宅も四二戸が被害を受けたという。ただし、実際の負傷者はこの数倍はいたようだ。

そして四百十六名が検挙された。

東京電力の東京侵攻

この喧嘩の原因は、東京電力が鶴見に火力発電所を建設するのに、タービンを据え付けるための基礎工事を間組に、建築工事を清水組に任せたことにあった。青山組は清水組の下請け、三谷秀組は間組《はざま》の下請けである。このように一つの現場を複数の業者が請け負うことは「出会い丁場《ちょうば》」と呼ばれ、トラブルの元になりやすいため嫌われた。東京電力としては、完成を急いでいたので二社で分業したほうが工期を短くできるはずという合理的な判断をしたのだったが、机上の合理的判断が現場にとってはかえって厄介ごとであるという、よくある齟齬が生じたわけである。

それでも「出会い丁場」だから無理というわけではなく、このときはあまりにも相手が悪かった。三谷秀組の親分は金井秀次郎だが、実質的には中田峰四郎が牛耳っており、中田はなにごとも暴力で押し通すむちゃくちゃなやり方で三谷秀組を一気に大きくしてきたのである。

三谷秀組による基礎工事が終われば、次に青山組が建屋の工事に入るわけだが、中田は、基礎が完成した後も現場を占拠し、建屋の工事を許さなかった。三谷秀組に逆らっては、とても工事はできない。清水組が測量を始めたときには、清水組の事務所をまるごと運んで海へ放り込んでしまったくらいで、命がいくつあっても足りない。

そこで青山組の青山芳蔵は、理不尽なまでに我慢に我慢を重ねて、中田との折衝をきまじめに繰り返した。だが中田は、交渉する気などないかのような態度で、青山組や清水組の面々を振り回す。中田は、基礎工事だけでなく建設工事全体を独占しようとするのだが、それさえも無理難題をふっかけて嫌がらせをしているだけのようにも見える。いろいろ複雑な経緯があって交渉は決裂、着工が四ヶ月も遅れていた清水組では、もはや強引に鍬入れを行うしかないと、青山組に決行を迫り、ついに全面対決の日を迎えたのだった。

清水組は青山組に喧嘩のための資金も渡しており、工事に着手すれば大ごとになることは了解していた。それほど着工を急いだのは、むろん施主である東京電力からの督促が厳しかったからでもある。東京電力が工事を急いだのは、東京電灯との電力戦争のまっただなかにあって、この発電所がその戦略上の要の一つだったからである。

東京電力とは、今日の東京電力ではなく、東邦電力の副社長、松永安左エ門《まつながやすざえもん》がかねて念願の東京侵攻を果たすために作った会社である。静岡、山梨に七つの水力発電所を持ち、横浜、川崎、東京南部に供給権を持つ早川電力と、東京の東と北に供給権を持つ群馬電力を買収し、大正十四年に合併して東京電力とした。東邦電力の別働隊であり、東京電灯の牙城を攻略するための突撃部隊だった。

電力戦争の始まり

明治三十九（一九〇六）年まで、おもな電力会社は、都市の近くに規模の小さな火力発電所を設け、その都市の電灯をほぼ独占的に供給していた。しかし日露戦争によって石炭価格が急騰したことから、東京電灯は桂川水系に一万五千キロワットの駒橋発電所を建設し、そこから東京へ送電する。このとき以来、水力開発が盛んに行われるようになり、水力発電が主流化する。新規事業者も続々と誕生してきた。既設の大手企業は、それらを合併吸収することで防衛をはかったので、いっそう巨大化していった。

第一次世界大戦の間には、好景気によって工業が急激に発達し、電力需要も急激に大きくなって、はなはだしい電力不足を招いた。とりわけ京阪神地帯の工業用電力の不足がひどかった。それで電力会社は大規模な水力開発を行って次々と発電所を増設したが、同時に長距離送電の必要もあった。大正八（一九一九）年に、大同電力に対して、北陸、木曽方面から大阪への長距離送電が許可される。また関東大震災によって東京電灯の発電施設が大きく破壊されたため、大正十三年に、その電力不足を補う必要から、東京電灯、大同電力、日本電力に東京送電線の架設が認可された。

しかし第一次大戦の後に訪れた不況によって、工場の電力需要は予想ほどに増えなかった。一方で、好景気のときに着工した水力発電所が次々と完成し、稼働を始める。電力が大量に余ってしまい、各社はそれをさばくため、他社の供給先へも食い込んでいく。

余剰電力と長距離送電線の認可とが、電力戦争を招いたのだった。

数百あった群小の電力会社は合併、吸収されていき、大資本への集約が進む。その代表は、「五大電力」と呼ばれた、東京電灯、東邦電力、宇治川電気、日本電力、大同電力の五社である。天下を狙う覇者たちであった。東京電灯は関東一帯を供給区域とし、他の四会社は関西を拠点としていた。関西でしのぎをけずっていた各社のうち、宇治川電気以外の三社は、やがて関東に版図を求めて進出してくる。

群雄割拠した電力会社がしのぎをけずって争い淘汰されていくプロセス、そして五大電力間の熾烈な攻防は、えげつなく、ときに剛胆、ときにずるがしこい。サバイバル戦であり、天下

松永安左エ門
（『東京電灯株式会社開業五十年史』より）

取りの戦だった。経営者たちには、戦国武将のように良くも悪くも強烈な人物がたくさんいた。ようするに面白い物語に満ちていた。それで三国史になぞらえられたりもしてきた。その無数の攻防のうち大きな山場は、中部地方での東邦電力と日本電力の闘い、関西地方での宇治川電気と日本電力の闘い、関東地方での東京電灯と東京電力、そして東京電灯と日本電力の闘いの四つである。なかでも東京電力と東京電灯との闘いは、松永安左エ門と若尾《わかお》璋八《しょうはち》との対決でもあり、ドラマとしてみても大きな見せ場だろう。

根津嘉一郎の糞尿事件

東邦電力副社長の松永安左エ門は、関東大震災で本社が倒壊して帝国ホテルに仮事務所を置いていた東京電灯を訪れ、副社長の若尾璋八に、復興の援助を申し出る。松永の持論である全国各地の電力を融通しあえるように連系する送電連盟に加わることを勧め、また、このさい東京市内から電柱を一掃し、地下に配電線と変電所を設置してはどうだろうかと提案した。それを若尾は「電気事業には興味がない。自分は政界で総理になる」と一蹴する。政界にしか興味がないというのだ。このとき松永に、事業を統一して、電気事業の責任を果たしていない東京電灯を我が手で改革したいという思いが高まった。若尾にとって東京電灯は金儲けの手段でしかないと悟ったのだ。

当時の東京電灯社員だった竹内朴児は、若尾璋八を「不世出の蕩児」と呼ぶ。「新橋の芸妓と要心棒を貸し切り一等車に満載して、丹波の御料林へ猪狩りに出かけるといった徹底した浪費振り」も凄まじく、「あるときは父子で一人の半玉を争ったり、あるときは女をつれて地下にもぐったり、ともかく戦前頽廃型の最高水準を行くもの」であったという（『電気屋昔話』）。璋八は息子の鴻太郎に三ッ引商事というトンネル会社を作らせていた。東京電灯の金はこの会社を通じて、若尾の自由になったのである。常務の越山《こしやま》太《た》刀《ち》三郎《さぶろう》も同じように息子に会社を作らせ、東京電灯の金を流し込んでいた。

若尾璋八
（『東京電灯株式会社開業五十年史』より）

このことに根津《ねづ》嘉《か》一郎《いちろう》は激怒した。若尾逸平《いっぺい》らとともに甲州財閥を代表する実業家であり、東武鉄道の再建や地下鉄の開通などによって「鉄道王」として有名な根津は、二十社以上の事業に携わって一大コンツェルンをなしたが、東京電灯との関わりは深かった。甲州の資産家たちと株を買い占めて、明治二十九（一八九六）年に経営権を獲得、つまり乗っ取ると、根津は監査役や常務取締役として、社内で常態化していた収賄の習慣を正したり、経費の無駄を省くなど、厳格な経営改革で、会社を立て直した。それ以来、東京電灯の経営陣は甲州閥が占めてきたし、竹内朴児によれば、甲州の人々には「東京電灯は甲州人のもの」という意識があったという。

この乗っ取りと改革は根津にとって最初の大仕事であっただけに思い入れもあっただろうし、また株主を代表する立場からも、株主に損害をかけている若尾らを赦《ゆる》せなかった。璋八が若尾家に養子縁組したときの媒酌人となった縁があったが、だからこそいっそう不正に我慢ならなかったのかもしれない。根津は役員会で若尾と越山を糾弾し、トンネル会社を解散するか役員を退くかを迫る。だが若尾らに従う様子がないのをみて、根津は株主総会で若尾一派の背任不正の陰謀を徹底的に暴露してやろうと考えた。

竹内によれば、このとき若尾側は根津の計画を察して、「石橋という顔役に根津氏を抹殺する計画を相談して軍資金五万円を渡した」という。石橋は子分にその実行をいったん命令したのだが、殺すことにためらいを覚え、悩んだ末に別の方法を思いつく。要は、総会に出席できなくさえすればいいのだ。

東電の総会の当日、根津氏は自分の会社の総会を早めに終え午前十時開会の東電の総会へ出席のため急いで車へ乗ろうとするところへ、一人の男が現れて缶詰へ糞尿を詰めたのを隠し持って根津氏に近づき、いきなりどろりとするやつを頭からしたたかぶっかけてしまったのである（竹内朴児『同前』）。

この一件は根津嘉一郎の「糞尿事件」として大きな話題になったが、竹内の言うようにもとは殺人計画であったのなら、事件のイメージはいささか怖いものになる。ともかくこれで根津は総会への出席ができず、若尾はひとまず失権の危機を免れた。むろん根津はいよいよ怒って若尾を告訴するが、神戸挙一《かんべきょいち》社長が仲裁に入り、三ッ引商事を解散することを条件に告訴を取り下げる。

政友会と東京電灯

若尾が東京電灯の金を流用していたのは、遊興のためばかりではなかった。なにより政友会の資金にするためだった。若尾は政友会の総務であり「勘定奉行」だった。つまり東京電灯は政友会の財布だった。東京電灯は政友会の御用会社と呼ばれ、会社のほうでもそれを認めていたのである。

原敬内閣以来歴代の政府の電気行政は東電庇護、東電拡張を基本においたかの感があった。むべなるかな、主権者若尾氏が政友会のために注ぎ込んだ軍用金は前後を通じ無慮二千万円を超えたと今以て人の口の端に上っている（駒村雄三郎『電力界の功罪史』）。

東京電灯と政友会との縁は深く長いが、若尾璋八は政治的な野心のためか、度を越して、会社の経営を揺るがすほどになっていたのである。当然、株主には不満や不安が募る。また、上がこういう態度であれば、末端までも腐敗する。その頃の東京電灯の社内の風紀は乱れ、不正行為が相次いだ。需要家への態度も悪く、しかたなくつけてやるというふうな横柄な姿勢で、修理などの対応も遅かった。市民の反感は強まり、それは電灯料金への不満となる。電気を我が物顔で支配し、利益を湯水のように使って豪遊し、政治資金にしているのだ。電気は誰のものなのか。こんな企業に独占させておいていいのか。

そのような声に応ずるかのように、東京電灯の独占は破られた。松永安左エ門の東京電力が登場したのだ。需要家の不満は東京電力を歓迎し応援する気持ちとなる。勝機は見えていた。しかし早川電力と群馬電力の持っていた供給区域だけでは、東京電灯と張り合うには不足だった。優位に立つには、東京電灯の供給区域の心臓部ともいうべき南葛地域、江東の工場地帯への動力電気の供給権を手に入れたい。

政友会が与党であれば、それはまず不可能だった。だが、そのときは若槻《わかつき》礼《れい》次郎《じろう》が憲政会内閣を組織していた。松永の申請した江東工場区域への供給権は認められた。「選挙の神様」と呼ばれた安達謙蔵逓信大臣の力によることだったという。東京電力の味方というより、政友会の金づるである東京電灯に打撃を与えたいという動機があったらしい。むろん東京電灯の乱脈ぶりに自由競争の導入という鉄槌を下したのだという言い方もできる。大正十五年五月一日、東京電力に江東の工場地帯への五〇馬力以上の電力供給が、正式に許可される。

東京電灯はうろたえた。それまで、この申請がされたことを知っても、たかをくくっていたのだ。そんな混乱を招くようなことが認可されるわけがないと、自分らに都合よく決めつけていたのである。

ただ一人、営業課長の福島宜剛のみが、これはきっと許可されると考え、独断で、江東区域の大口需要家を回り、短期契約を長期契約にしたり、高料金のものを低料金にしたりという契約更新をして、東京電力の入る隙がないようにしていった。ところが神戸挙一社長、若尾副社長はその独断に怒り、判を押さなかった。勝手なことをするな、すぐに元に戻してこい、と命じたという。それでも福島は、かまわず契約更新を続けた。何十回も叱責されながら、なお続けたという。そして大口契約のほとんどを更新し終えた。このため東京電力は期待したほどは需要家を奪えなかったという。福島への評価が一気に高まったことは言うまでもない。とはいえ東京電灯には月に二回の休電日があったのを、東京電力では休電日なしにしたうえ、料金を三割安にしたので、東京電灯のシェアの三割を奪ったという。福島の努力がなかったらほとんどを奪われていたに違いない。

福島の危機感を、東京電灯の幹部たちは一顧だにしなかった。「三電競争」の時代からそう経ってもいないのに、すっかり独占企業の気安さに慣れて安穏としていたらしい。大正時代から昭和初期にかけて、東京の下町では「東電さんには及びもないが、せめてなりたやガス会社」という戯れ歌がはやったという。皮肉だろうと思うが、すなおな羨望もあったかもしれない。だが横暴ぶりが度を超せば、反感ばかりが強くなる。東京市民は、東京電力の侵攻を、おごる東京電灯に痛い目を見せてやれ、と歓迎したようだ。まして両社の供給区域になったところでは大喜びしたはずだ。とりわけ京浜沿線では電灯契約の奪い合いが激しく繰り広げられた。荏原、池上、大井、入新井、大森、蒲田、羽田、馬込、六郷、矢口、調布、町田、神奈川の田島、鶴見、御幸、日吉、住吉、中原、橘という地域である。京浜一帯は工業地帯として急激な発展をしつつあり、大きな電力需要が見込まれる、きわめて重要な地域だった。だが東京電灯では、これら新興区域の住宅地に対しては、ろくに電気供給をしていなかった。採算を重視して、放置していたという。

だから競争は、電柱をたてる権利の獲得から始まった。東京電灯では役場に申請して許可が下りるのを待ったが、東京電力は地主たちが土地改良を行うために組織していた耕地整理組合に話をつけて、組合に電柱建設権を得させて、さっさと建ててしまった。先に道の脇に建ててしまえば、東京電灯は人家の裏に一本ずつ建てていくしかなかった。

電灯料金値下げ運動に対しては容易に応じない電力会社も、業者間の競争になれば、採算を度外視してでも値を下げる。需用家の奪い合いとなれば、需用家のほうもつけ込んで、無理難題をふっかける。二社と交互に契約、解約を繰り返して、どんどん安くさせていく。座敷と便所で別の会社の電灯がつき、業者同士が出会えば血の雨が降ることもある。

このままでは価格破壊の際限がないというので、二社は電灯料金に関してだけは価格協定を結んだ。ところが東京電灯は協定を破り、東京電力が供給していた川崎遊郭を、動力電気よりも安い値段にして奪ってしまう。東京電力は、ただちに東京電灯に次のように伝えた。

東京電力は電力会社であって、電灯会社ではない。だから京浜地区のすべての家に動力電気の料金で供給することはなんでもないことなのだが、協定があったからこれまでそうしないできた。しかし、そちらが協定を破った以上、こちらも今後は遠慮せず動力電気の料金で供給することにする、と脅したのである。

さらに吉原遊郭へ行って、組合長に「川崎のような新しくて小さな遊郭に、東京電灯はこんなに安く電気を供給しているのだから、吉原にも同じ条件にするよう要求してはどうか」と伝えた。組合長はただちに東京電灯へねじ込みにいった。

東京電灯は震えあがって、川崎遊郭との契約をとりやめたという。

郷誠之助
(『東京電灯株式会社開業五十年史』より)

総じて駆け引きは東京電力のほうがずっと上手だったようだ。一般需要家のみならず、国鉄、東京市電、各郊外電鉄への売り込みでも優勢だった。

しかし、極端な値下げ合戦と、電柱や変電所などの設備への資本の二重投下は、企業を疲弊させてゆく。東京電灯は、若尾の濫費に加えてのこの負担に耐えられるわけもなく、かつては準公債とまでみなされていた株は激しく値を落としていった。一方、東京電力も、その親会社である東邦電力がもはや資金切れとなりつつあった。

三井銀行の池田成彬《いけだしげあき》は、なんとかせねばまずいと思った。東京電灯には七千万円の融資をしており、さらに株を担保として融通した金額も小さくない。もしこれが焦げついたら、三井財閥までも危うくなる。しかも東邦電力への融資も三井銀行がほとんどを引き受けていた。どちらが揺らいでも大変なことになるが、今は両方が危ないのである。

池田はまず、最大の危険因子である若尾璋八を抑えることを考え、財界の大物である郷誠《ごうせい》之助《のすけ》と阪急の小林一三《こばやしいちぞう》を送り込んだ。郷誠之助は、日本運輸をはじめとする企業を立て直し、東京証券取引所理事長を務めた後、多くの企業の合併、整理を行って「財界の世話人」と呼ばれた人物である。小林一三は、阪急電鉄、そして宝塚少女歌劇団の創始者。この二人に牽制させようとしたのだ。

次に池田は、東京電灯と東京電力との合併を進める。東京電力の一億四千万円におよぶ借金のほとんどを融資している安田銀行の結城豊太郎を誘って、ともに調停案を練った。合併させて、借り入れ金を一本に整理し、外債を発行して肩代わりさせることで、危険をよそへ振り替えようとしたのである。

松永安左ェ門は、東京へ進出した最初から、合併をめざしていた。松永の狙いは、天下統一である。全国の電力を融通しあえるような「超電力連系」を実現するための第一歩として、東京電灯と合併し、新会社で力をふるって構想を現実化していくつもりだったのだ。そのため少しでも有利な合併となるよう、激しいシェア争いに奮闘してきたのである。

昭和二（一九二七）年十二月、両社は合併契約に調印する。株比率十対九というおおむね対等の条件で、翌年四月一日に新会社、東京電灯となった。郷誠之助が会長、若尾璋八が社長、小林一三が副社長となる。松永は五十万株の大株主となったが平取締役にしかなれなかった。松永は敗北感を味わい、「戦には勝っても負けるものだ」と述懐したという。

小林一三
（『東京電灯株式会社開業五十年史』より）

名古屋へ殴り込み

この合併の交渉が進んでいたさなかに、若尾璋八は思いがけない攻撃をしかけてきた。松永の本丸、東邦電力のある名古屋周辺に供給権を獲得し、進出してきたのである。それは若尾が一存で決めた、個人的な感情にまかせた報復行動だった。

若尾がそのような行動に出たのは、昭和二年四月二十日に政友会の田中義一内閣が成立したからである。若尾とともに政友会のドル箱的存在で、田中義一に三百万円の持参金を持たせて総裁に送り込んだという久原鉱業の久原房之助が、逓信大臣となる。その補佐をする政務次官も気心の知れた仲間だった。東京電力に逆風が吹きはじめた。苦心して契約をとった王子電車への送電も、デパートや公会堂、小学校、病院などのビルディングへの電力供給も、みな不許可とされてしまったのである。

さらに若尾は、四月に若槻礼次郎の憲政会内閣が瓦解した日に不許可と通知されていた、名古屋地域への供給権申請をあらためて出願する。もちろん、ふつうは通るわけのない話である。ところが、あっさり認められた。それは、かつて憲政会内閣が東京電力に江東工場地帯へ進出する許可を与えたことへの報復処置でもあった。

逓信省の官僚たちには当然ながら、ほんの数ヶ月前に不許可としたものを、何の理由もなく今度は認めるなど、役所の威信に関わることだとする抵抗があった。しかも逓信省の事務次官には、憲政会寄りの桑山鉄男が留任していた。彼らを懐柔しないと、認可させるのは難しい。そこで桑山を、勅選議員にするというエサで釣って、政友会の党員にしてしまった。これで官僚たちの抵抗など問題にもならなくなったのである。

もっとも、そうして供給権は獲得したものの、殴り込みはなんの成果もあげられず、ただ松永を憤激させただけだった。まったく契約がとれないので、供給権を失わないために各市、各郡に工場を一つずつ適当に作って、そこに供給するだけというお粗末な有様だった。だが、合併が成ってからも、若尾は名古屋から兵をひかない。昭和五年に若尾が社長を退陣させられるまで、名古屋進出は続く。松永に意趣返ししたいという若尾の意地だけが、この無意味な小さな戦を継続させていたらしい。

合併して新会社となった東京電灯は、独占企業に戻った。しかし、それも長くは続かない。日本電力が、田中義一政友会内閣のときに却下された東京各地の供給権を、昭和四年七月に浜口《はまぐち》雄幸《おさち》の民政党内閣が成立するやふたたび申請し、九月には認可されたのである。こうしてまた新たな電力戦争が始まった。

鶴見騒擾事件と政友会

さて、先に記した鶴見の騒擾事件は、以上のような東京電灯と東京電力との電力戦の戦場で突発した事件だった。

松永は、かねてから「水火併用論」を唱えていた。当時は水力が主流で、火力は必要ないという風潮があったのに対して、水力だけでは渇水期にもピーク電力を供給できるようにせねばならず、そうすれば豊水時には電力が余ってしまう。そこで火力を補助的にミックスすれば経済性が高められるという考えである。東邦電力ではこれを実践し、低料金を実現した。また、同じ考えを地域による違いにあてはめ、発電力の過不足を連系して補いあうようにしようというのが「超電力連系」という考えだった。

東京電力は、群馬電力と早川電力、さらにその後に合併した田代川水力電気などの水力発電所から集めた電気を東京へ送り、鶴見に建設する火力発電所と併用することで、安価に安定した電力を供給できる。敵地へ殴り込んで競争するからには、なんとしても必要な条件だった。

その頃、東京電灯では千住火力発電所を昼夜兼行の殺人的なスケジュールで建設中だった。東京電力は、その向こうをはって、千住発電所よりも最新式で、はるかに大出力の発電所を建設しようとしていたが、千住発電所はまもなく完成する予定で、実際、騒擾事件からまもない大正十五年一月二十日には落成する。松永としては、合併の条件を有利にするためにも、千住発電所以上のものを早く持たねばならないと考えていただろう。だから工期短縮のため、基礎工事と建屋とを二社で分担する「出会い丁場」としたのだ。しかし、そのためにかえって建屋の着工は四ヶ月も遅れていた。となれば清水組に対して厳しい督促があったのは当然である。発電所の火入れ式は翌年の九月と決められており、予定の変更はされていない。督促がかなり煩《うるさ》かったことは間違いないだろう。清水組としても青山組としても、東京電力だけでなく、大規模な工場の建築がこれからも続くだろう京浜地域で信用を失うわけにはいかなかった。青山組としては清水組からの信用をも失い、そうなれば先はなかった。だから命がけにならざるをえなかったのである。

青山組と三谷秀組の抗争は、清水組と間組の代理戦争だったと言われる。しかし、さらに上では東京電灯と東京電力との闘いがあった。清水組も間組も施主は東京電力なのだから、その代理戦争とは言えないのだが、工事を妨害した三谷秀組の中田峰四郎という人物の不可解さは、ひょっとしてという疑惑を抱かせるところがあるのである。

青山光二の『闘いの構図』は、この騒擾事件にいたる経緯やその後の公判まで詳細に描いたノンフィクション・ノベルである。百人以上の当事者に取材して書かれたという力作であり、事件の全体像をつかみうる唯一の資料だとも言える。

そのなかで青山芳蔵（作中では杉山年蔵）は、なぜ中田峰四郎がこうまで横車を押してくるのか、その意図がわからないと悩む。どんなに顔を立ててやり、破格な利益を提示しても、納得しないのだ。

そんな青山の困惑を見透かしたように、あるとき中田は間組の小谷清理事長からの手紙を見せる。そこには、建屋の入札に間組が指名されなかったことの恥辱、指名されるよう東京電力に口をきいてくれるのが同業者として当たり前だと思うのに、何もしなかった清水組に対する悔しさが述べられ、この恥辱をそそいでほしいとの依頼が書かれていた。

芳蔵は、元請けの理事長にこんな手紙をもらったのでは中田のふるまいも納得できるというのだが、この手紙をニセモノだと疑う人もいた。間組を背負って立つ男が、そんなうかつなことを、しかも証拠になる手紙に書いたりするとは思えない、またそれを中田が芳蔵に見せるということも腑に落ちないというのである。建築の入札には、清水組、大林組、大倉土木が指名されていた。間組は土木屋が本業だから、他の実績ある建築屋だけが指名されても不思議はなかった。それに東京電力は工事を急ぐために分業制にしたのだから、基礎を請け負っている会社を入れないのは当然だった。第一、清水組が施主の入札指名に意見しないといって恨むのは、いくらなんでも筋違いだろう。青山光二は、稼業人は施主を悪く思うことはできないもので、このような恨みの向け方はありうるという。そういうものなのかもしれないが、それでもなんとなく不自然な感じはぬぐえない。

たしかに、破格な条件を示されても横車を押し続けたことや、建屋の工事もすべて間組と三谷秀組にやらせるように求めたことについては、つじつまがあう。だが、まるごと仕事を譲り渡すようなことを清水組が認めるわけがない。ということは、その先には、工事をずっと妨害し続けるという行動しかありえなくなる。しかし、元請けの恨みをはらすために施主に迷惑をかけたとなれば、むしろ元請けは困ったことになるのではないだろうか。元請けが困ろうが施主が困ろうが知ったこっちゃないというのなら、小谷の要請に応える理由もなくなる。どうもよくわからない。本物か偽物かはさておき、小谷の手紙を利用して、本当の理由を隠していたにすぎないのではなかろうか。

鶴見騒擾事件の判決は、昭和二年五月三十日に言い渡された。二百九名が有罪となった。懲役六ヶ月から四年の実刑が五十九名、執行猶予九十八名、罰金五十二名。

三谷秀組の組長の金井秀次郎は、四年の求刑だったにもかかわらず無罪となった。中田峰四郎は懲役四年である。青山光二は、この二人の判決が甘いことに、「上部からの圧力」を疑っている。というのは、中田は、政友会系の院外団であり、田中義一とは自動車に相乗りするような仲だったからである。中田は子分の木島福松を、田中義一のボディガードとして派遣してもいた。木島は、力士上がりのでっぷり肥えた身体にモーニングを着て、シルクハットをかぶり、なかば公然と拳銃を携帯して歩いたという。

この公判が開廷された四日後に、若槻礼次郎内閣が総辞職し、四月二十日には田中義一が首相となった。政友会総裁、陸軍大将、そして内閣総理大臣ともなった田中に、中田が働きかけ、彼自身と三谷秀組の被告たちに有利な判決が下るように懇請したのではないか。いや、それどころか刑に服してからも特別な配慮を期待できたのではないかという。なぜなら、青山組側の被告はみな控訴したのに、三谷秀組側の被告は、中田と縁の薄い三名をのぞいて、誰ひとり控訴しなかったからである。中田も一審判決に従って入獄した。ところが四年間の懲役なのに、一年もたたないうちに出所する。そんなことは恩赦以外には普通は考えられないことだが、この服役時期が田中義一の政友会内閣の政権担当期間内であったことを考えればありえないことでもなんでもなかった、と青山光二は書いている。

そこまでしてくれるほど深い仲だったのだろうか。あるいは、そうしてもらって当然の働きを中田がしたのだと考えることもできるだろう。中田がやったことといえば、東京電力の発電所の着工を遅らせたことだけである。大正十五年九月に火入れ式の予定だった東京火力発電所の竣工は、昭和二年三月十五日になった。それは、東京電灯にとってはもちろん、政友会にとっても有意義なことだった。むろん、依頼があってやったことか、結果としてそうなっただけかは、わからない。

ただ『間組百年史』には、鶴見騒擾事件について次のように記されている。

「この事件が大規模化した裏には、東京電灯対東京電力の東京争奪戦にからむ政友会対民政党の政争や、神奈川県下の両党の軋轢も影響したといわれる」

具体的なことは何も書かれていない。

三　小林一三、商工大臣を落第する

商工大臣の拉致未遂事件

昭和十五（一九四〇）年七月二十二日、東京電灯の社長を辞した小林一三は、近衛文麿に請われ、第二次近衛内閣の商工大臣となった

小林が大臣だった時代に、もと東京電灯の社員だった竹内朴児は、用心棒のように小林の身辺について歩いたことがあったという。あるとき、一緒に商工会議所へ行くと、右翼とおぼしき男たちが、玄関あたりにたむろしていて、小林をみつけるや、ぱらぱらと近寄ってきて小林の手をつかんだ。どこかへ拉致しようとしたのだ。小林は、素早くその手を振り払い、竹内を指さして、叫んだ。

「君たちはこの男を知っているか」

男たちは、いっせいに竹内の顔を見る。その瞬間、小林は脱兎のごとく二階へ駆け上がっていってしまった。

男たちは、悔しまぎれに竹内を取り囲み、もみくちゃにしたが、じきに護衛の警官らがかけつけたので、退散していったという（竹内朴児『電気屋昔話』）。

いつのことかは書かれていないが、大臣時代の小林一三には、狙われる理由はいくらでもあった。むしろ敵のただなかにいたようなものだったのかもしれない。

第二次近衛内閣は、「新体制」の樹立をめざしていた。危機状態にあった東京電力を立て直した小林の手腕を見込んで、「経済新体制」樹立への参画が求められたのだ。

小林の東京電灯立て直し

東京電力と合併した東京電灯は、さらに日本電力との電力戦を闘うことになったが、それとは別に大同電力との闘いもあった。需要家を奪い合うものではなく、大同の東京進出を防ぐために大同から東電が購入している電力の契約条件をめぐる争いである。

このような電力戦が繰り返されてきたなかで、東京電力は防衛のために多くの会社を合併してきた。その会社も、多数の会社が合併してきたものである。合併を重ねてきたために、設備はだぶつき、資産が水増し状態になっていた。それでも電力戦争のために新たな設備投資が必要とされた。それが合併なり調停なりで終結すれば、重複した配電網などの無駄な設備をワンセット、朽ちるにまかせることになるのである。しかも若尾璋八は、自分の懐に金を流し込むため、まったく不必要な設備投資も行った。また東京電灯はいつのまにか、電車、ガスなどの事業に手を出していたり、山陰や樺太にまで電灯事業を広げていたりした。子会社や東電証券会社の損失も大きい。そして昭和六（一九三一）年、金輸出が再禁止されると、為替が一気に急落し、外債の利払い負担がとてつもなく激増した。

それやこれやの内憂外患に、かつては準公債のようにみなされていた東京電灯の株価は、どんどん下落した。配当も下がり続けて、昭和八年にはついに無配当となる。

この、資産では日本最大の、内実はボロボロの会社を、小林はあらゆる手を講じて整理、改革し、社員にはサービス業、小売業としての意識改革も行い、ついに立て直した。

もっともそれは、金輸出再禁止の効果が現れての景気回復、また昭和六年の満州事変、八年の国際連盟脱退という流れのなかで生じた軍需景気によって、電力の需要が増加したという背景があってのことだった。工場の新設、増産によって余剰電力が消化できるようになり、ついには電力不足へと転じたのである。昭和七年に、電力会社が電力連盟というカルテルを組織して電力戦争を終結させ、値下げ競争や二重投資の圧迫をなくしたことも大きかった。

とはいえ小林の整理や改善があればこそ回復は早かった。昭和十年にはすっかり立ち直ったのである。

財界における小林への評価は、「今太閤」と呼ばれるほどに高まった。

この実績と評価が、おそらく小林を商工大臣に招いた理由だったのだろう。だが実績だけを見て、その思想を見てはいなかったようだ。第二次近衛内閣がめざした「新体制」は、「革新官僚」たちの描いた理想だったが、小林がそれに賛同しないことくらい、はなからわかりそうなものだったからだ。「革新官僚」らは、あらゆる産業を国家が管理、統制して合理化し、計画経済にすべきだと考えていた。産業統制の先頭を切った電力の国家管理案に対する小林の批判を見れば、小林がそのような考えに抵抗することは明らかだった。

国家と「自然」

電力事業を国家管理しようとする考えは、大正七（一九一八）年に野田卯太郎《のだうたろう》逓信大臣が唱えたのが最初だという。電力不足が問題となっていた時代に野田が主張したことは、電力の源である水力資源は法律的にも伝統的にも国家のものであるにもかかわらず、これを行政命令一本で営利会社に付与することは、国家資源を私するものだという考えに基づいた、電力事業の国営論だった。

その主張は、まさに「電気は誰のものか」という問いに答えるものである。「国家のものだ」と、野田は断言したのだ。

前章で見た民衆の側の論理では、電気を生み出す「自然」は、誰も占有できない共有性を持つものだった。それを私企業が独占するのはおかしいという考えは、共通している。しかし野田は、その「自然」を国家のものだとする。国益が公益の親玉だとするなら成り立つ理屈かもしれない。

布施辰治は、電気の共有性の根拠を、電気の源が水流という自然の恵みであること以外に、もう一つあげていた。電気が生活必需品であるという点である。

かつては橋を渡るのに橋銭を取られるということがあった。それは、橋を渡ることが個人的な事情からの行為だと考えられていたからだ。しかし、頻繁な交通が絶対に欠かせない現代社会では、交通が自由であることは、たんなる個人の便利として評価されるようなことではない。社会共同体にとって便利であることに評価がある。だから渡るのは個人であっても、通行料はただとなる。電車などの交通機関の料金が安くあるべき理由もそこにある。代議士が無料で乗車できる制度があるのも、それが根拠となる。

同様に、電気も無料であるべきものだと、布施は考える。少なくとも一企業が占有し横暴に儲けてよいものではない。

この論理からすれば、電気事業の国営論は正しいようにも思える。むろん国営ということを理想的に想定すればの話である。

電力問題をめぐる攻防

野田の国営論は、政治問題として議論されるにはいたらなかったという。大正末期になって、電力の国営論は盛んに唱えられるようになる。電力戦によって混乱し消耗していた電力事業を統制する方策として主張されたものだった。とくに昭和恐慌となった昭和五、六年には、財界の危機感が高まり、電力統制の必要が強く説かれるようになった。

政府も昭和二年、電気局内に「臨時電気事業調査部」を設置する。主要電力会社の代表者を主なメンバーとし、討議の結果を踏まえて、昭和六年四月、改正電気事業法が施行された。電気事業を公益事業と規定し、原則として一地域一事業者とすることや、料金認可制、発送電予定計画の策定、公的な監督機関である電気委員会の設置など、大幅に規制を強める内容がもりこまれたのである。

このような国営化に向かう流れに、電力会社はむろん反対した。だが町村営化などの計画に対するときとはちがって敵は手強い。それに電力会社自身も、なんらかの統制をはかる必要は、いやというほど感じていた。そこで「共存共栄」をなすべく、協調の道を模索し、三井、興銀など財界有力者の斡旋によって、昭和七年四月に電力のカルテル組織である電力連盟を結成する。

だが、昭和十一年、より本格的に電力国営論がクローズアップされる。二・二六事件の後で発足した広田弘毅《ひろたこうき》内閣の頼母木桂吉《たのもぎけいきち》逓信大臣が電力民有国営案を提唱したのである。

この案は、革新官僚の一人、奥村喜和男のものだった。電力会社の所有者はそのまま、配電も従来通りで、発送電だけを国営にするというのである。これなら国は金をかけずに国家管理が実現できる。

この案の是非は「電力問題」と呼ばれ、激しい議論が闘わされた。電力会社側はもちろん激しく反発する。松永安左エ門や小林一三らは、国家管理案を批判し、反対運動を繰り広げた。

小林一三の政府批判

小林は、そもそも国家管理はすでに行われているではないか、逓信省はとっくに統制を完成しているではないか、と言う。

だいたい電力の国家管理が必要だと主張する逓信省の当局者は、電力業者のことを統制を乱す非国民のように罵倒するが、それはおかしい。自分が電力業界に身を置いた経験から言えば、「電力の統制を乱した責任者は、実に遺憾ながら逓信省当局であると断言する。政友会の大臣だ、民政党の大臣だと内閣の代るたびごとに、いいかげんな利権政治をやって」きたではないか。「電力事業は、政府当局者の乱暴なる処置によって統制が乱されたので、自身が好き好んで乱したものでない」のだ。そして今は電気事業法が実施されて、政府は国家管理を思う通りにやっているではないか。国家管理案は、河川利用や送電網を国家規模で計画し管理すれば料金を安くできると、唱えている。しかし、そんなことは民間でできる。電気事業法を活用すれば設備利用の合理化など民営のままでやれることである、それをしない、させないできたのは逓信省当局ではないか。

「電力問題の背後」と題されたパンフレットで、このように小林は、政府を批判した。東京電灯の場合、若尾社長が政友会とほとんど一体だったのだから、小林の批判も勝手な言い方に思えるが、ときの政権次第で会社を翻弄してきた官僚たちに対しては、言いたいことが山ほどあったのだろう。松永安左エ門も「官吏は人間の屑である」と発言して官吏に対し詫びを入れさせられている。

電力会社をあげての抵抗運動もむなしく、昭和十三年四月、電力管理法は公布された。電気事業は国家が統制管理することになった。昭和十四年、日本発送電が創設される。全国の発電と送電を担う会社である。昭和十六年には配電統制令によって、配電も九つの配電会社に統合された。

電気は、国のものとなった。それが国民のものということであれば、それはそれでよかったのかもしれない。

電力統制と世替わり

「民有国営論」を唱えた内閣調査室の奥村喜和男は、昭和十一年に刊行した『電力国策の全貌』の序文で、五・一五事件や二・二六事件への共感を示したうえで、言う。

利己的なる現存秩序が根底から清算され、老朽腐敗せる制度が大いに改廃せらるべきは必然である。

キーワードは「庶政一新」。そして革命でも現状維持でもない、「革新」による「現状打破」である。

公営電気事業運動や電灯争議で闘った人々の主張に、革新官僚らの主張は相通じるものがある。政党や財閥、大企業の腐敗への不信、貧窮している農村に対する同情、格差への怒り、庶民の日々の暮らしから清廉で豊かな環境を作り上げていこうとする情熱、そういった民衆のなかの純情は、革新官僚たちに共感し、支持した。「庶政一新」「現状打破」のスローガンは、現状にうんざりしていた人々の心をつかんだ。

国の上下に横溢した庶政一新の気運の中にクローズアップされてくっきりと浮かび上がった最大重要国策が電力国営である。

まず「現状打破」すべきものは、あの電気会社だというのである。電力会社は、腐敗、横暴の代表格であった。生活者の懐から直接、料金を取っていくという点では、財閥以上に、腹立たしい目の前の敵であった。電灯争議などにこめられていた怒りが、「新体制」への期待へと転じられる。

電力国営の根本目的は、国民生活の負担を軽減し、産業の発展、貿易の拡張を促進し、農村更正の基礎を培い、併せて国防の充実を確保せんとするにある。それは庶政一新の基礎条件であり、庶政一新の中軸である。

革新官僚や青年将校らに託された庶民の思いは、「世なおし」願望であったと評されることがある。そうだとすると、電気の国営化が「庶政一新の中軸」とされたことに、ふと柳田国男が紹介していた燧金の話を連想させられる。二章で引いた、燧金が穢れたときには村中の燧金を鍛冶屋で打ち直さねばならないという風習である。また柳田は、「火の代替わり」ということについても記している。

たとえば家の主人の代替りの時には、かねて火を分けてもらふ家を決めて置いてから、こちらの火を消すといふ習はしも折々はあります。その以外にも、家に凶事があれば消し、又は何かの穢れがあつた事に気がつくと、炉の火を消したといふ話もあります。正月には毎年古い火を消して、新しい火で春を迎へるといふ例も無いではありませんが、そう謂つた場合にもなほ一旦改めた火は大事にして、やたらに消してはしまはず、又その火種の知らぬ間に絶えることを、不吉として嫌つて居た家が多かつたのであります（『火の音』）。

家の種火は、消さずに継続性を保つことが重視され、その断絶は不吉とされた。その前提のうえで、それでもいったん穢れてしまったとなれば、改められねばならない。多い事例ではないのかもしれないが、主人の代替わりや新年を迎えるおりに火を更新するところもあったということは、代―時代―とともに火が更新されるという観念があったということだろう。だからこそ火が絶えることが不吉とされたのだ。世界が替わるとき火がともに替わるものなら、火を替えれば、世界もめくられて新しい世界になる。凶事があったとき火を替えるのは、世界をめくって次に行ってしまおうということだろう。電力会社に対する感情の底に、意識はされまいが、こうした観念も横たわってはいなかったろうかと空想される。むろんただの空想である。

小林大臣のした二つの仕事

商工大臣となった小林一三は、昭和十六年四月四日の内閣改造で、大臣を辞めさせられた。

在任期間は八ヶ月にすぎなかった。

その間にした仕事は、三宅晴輝『小林一三伝』によれば、二つあった。

一つは、経済使節として蘭領印度へ派遣されたことだった。オランダの支配下にあった今日のインドネシアである。いずれドイツ軍がベルギー、オランダに侵攻することが予想されたが、そのとき蘭印はどうなるか。米英仏が入って日本と蘭印との貿易が妨げられては、石油やボーキサイトの輸入ができなくなる。英米で高まっていた対日感情の悪化がオランダにも影響してきており、貿易の円滑、とりわけ石油輸入の確保をはかるために、小林が派遣されたのだった。一ヶ月かけて交渉を重ねたが、話はまとまらず帰国する。

続いて吉澤謙吉が行き、六ヶ月かけて交渉したが、やはりまとまらなかった。そしてまもなくＡＢＣＤ対日包囲網が結成され、蘭印の石油の輸入は途絶する。

それが太平洋戦争の一因となるわけで、小林は、日本の運命を大きく左右したエネルギー問題にも関わっていたわけである。しかし成果はなかった。

もう一つの仕事は、革新官僚らと闘って、その「経済新体制」案を「骨抜きにした」ことだという。

「経済新体制」とは、一言で言えば、国家社会主義的な思想のもとで計画経済を実現するための産業統制の仕組みである。電力統制にはナチスの電力政策が参考にされたが、同じように全産業を統制し合理化しようとしていたのである。会社の利益のための経営を廃して、国民本位のものとして全体主義的に計画された経営に改めようという、「庶政一致」「現状打破」の政策だった。

すでに政党はすべて解消され、昭和十五年十月には大政翼賛会が結成され、政治は挙国一致の新体制となっていた。それに次いで経済にも「庶政一新」が急がれていた。指導者原理の確立、経済と資本の分離、利潤の抑制など、ナチス式の統制経済への「庶政一新」をめざした原案が、企画院の革新官僚たちによって作られた。これが閣議にかけられると、小林を中心とする財界出身、政党出身の閣僚たちが全力で批判し、さまざまな修正をさせていった。小林は、電力では敗北を喫した統制官僚たちと、今度は「経済新体制」原案をめぐって闘ったのである。

そして、「企業は民営を本位とす」ることを強調させたり、中小企業を「整理統合」するとなっていたのを「維持育成する」と改めさせるなどして、「骨抜き」にした。

また商工省の事務次官の岸信介が企画院案の作成をリードした「産業団体法」について、小林は議会提出を阻止した。それは、経済新体制の枢軸となる新たな産業団体に公共機関としての法的権限を与え、指導者原理にもとづく指導統制の資格を与え、かつ国策に参画させるというようなものだった。

小林は、この法案が議会に提案されるのを阻止したうえで、岸信介を大臣室へ呼びつけ、辞職するよう強要した。

竹内朴児によれば、「民間人でしんそこ自由主義者であった小林さんは、軍部官僚をバックにした統制経済の中心人物だった商工次官の岸さんとは、事々に意見があわなかった。要は戦力増強のために、如何にして生産をあげるかということであったが、会議の席などでともすれば強い権力と組織をもつ次官が丸腰で風采の上がらぬ田舎者じみた爺さんを、小馬鹿にするような所があった」という。

だから、小林から辞職するよう言われても、素直に従いはしなかった。病気と称して、しばらく登庁しないでねばったのだ。だが短気な小林は、みずから岸の自宅へ乗り込んで、無理やりに辞表を書かせたという。

小林によって「産業団体法」の議会への提案は防がれたが、その議会で、小林は「機密漏洩罪」に問われた。経済新体制の企画院案を、渡邉経済研究所の渡邉銕蔵《わたなべてつぞう》に見せたというのである。識者に見せて相談したというほどのことだろうが、新聞などは大騒ぎした。世論は新体制を歓迎しており、小林は、財界人が自分らの利益を守るために「庶政一新」に反対している悪者と見なされていたのである。ただし、辞職は漏洩事件とは無関係で、企画院と商工大臣が対立してばかりいるので、喧嘩両成敗として、企画院総裁で国務大臣の星野直樹とともに辞めさせられた。というのは小林を辞めさせるための建前だろう。小林の抵抗は、革新官僚だけでなく、軍部をも敵に回すものだった。

小林は、大臣だった間のことについての『大臣落第記』というエッセイの連載を『中央公論』で始めるが、そのような文章を発表することも批判され、初回のみで中断した。

僕から言えば、僕の落第記というのは、大臣大成功ということだと信じている。軍部に反対し、統制に反対している。（中略）大臣としては大成功だ。僕は大成功であったと信ずる（『私の人生観』）。

小林らが「骨抜きにした」はずの産業統制案は、昭和十六年八月に公布された重要産業団体令に基づいて二十二の重要基幹産業部門に「統制会」が設立され、また五月に公布された企業整備令により中小企業の整理統合と下請企業化が推し進められたことで、結局、すべて実現してしまう。小林の抵抗は、ごくわずかな時間稼ぎになったにすぎなかった。それだけに小林の「大成功」という発言はいささか調子が良すぎるようで、反感を覚える人も少なくない。大臣になったこと自体を批判する人も多い。しかし、時流に棹《さお》さして大臣の地位を長らえようとせず、官僚、軍部、そして大衆の敵となって、主張を貫いたことは事実だろう。拉致されそうになったように、身の危険もあった。大臣という地位でこそ可能な抵抗を精一杯にやったのだという自己評価を、安易には否定できないと思う。

とはいえ、産業統制は実現してしまった。

新経済体制は、「公益優先」の体制である。赤穂村などの村営電気問題でも、電灯争議でも、人々は電気を「公益」のためにあるべきものとして、それを独占する企業を批判して闘った。その「公益」が優先されるというのだから、よいことのはずだ。だが、それぞれの地域の「公益」は吸い上げられて「国益」となる。公益を守ろうとする運動に身を投じたような人々の熱い思いは、新体制運動という国策を下から支えるエネルギーに転じられた。革新官僚たちは、はっきりとそれを意図していた。民衆の正義感や公共心は、国家による管理、統制を強める動力に使われた。やがては国益のために、みんなで我慢すべきだと、窮乏に耐え、戦場で使い捨てられる。「国益」と「公益」との間には、あまりにも深い断絶がある。それはもしかしたら「自然」とのつながりの違いかもしれない。

公益を収奪する仕組みに対して異を唱えた数少ない人たちが、小林や松永のような財界人だった。それも電力会社の経営者という、いわば民衆の敵とみなされていた人々であったことは、皮肉な逆転だ。この転倒はどこで起こるのだろうか。電気は誰のものかという問いは、そのあたりで行きまどい、たたずんでしまう。そこは赤穂村の村民はどうすればよかったのかという難問と同じ場所だ。

終章　再点灯の物語

昭和十（一九三五）年、日本の電灯普及率は八九％に達していた。世界一だった。その普及の予想外な早さについては、柳田国男も驚きを語っている。柳田は、大正時代の始め頃、愛知県のある海岸の丘の上に立って、夕方の村々に灯火のともりだすのを眺めながら、このあたりの農家の屋根が瓦葺きになって人々が電灯の下で働く日が訪れるのはよほど遠い未来のことだろう、と想像した。ところが、それから十七、八年後に同じ丘に立ってみると、見渡す限りの屋根が瓦葺きになっており、どの窓にも電気の灯がともっていたというのである（『火の昔』）。

普及し、見慣れてしまえば、やがて電灯はついているのが当たり前になる。電灯は、日常性のシンボルのようにさえなって、停電したときには非常事態だと感じられるようになる。まして明かりが失われることは、アマテラスが岩戸隠れして世界が闇に閉ざされたという神話にまでさかのぼりうる、衰弱、衰滅、消沈、混沌を象徴する事態だ。

戦時中は、空襲の標的とされないように灯火管制が行われた。家々では、できるだけ電灯をつけず、つけるときは外に光が漏れないように電灯に黒い覆いをつけた。窓も黒い幕で覆った。物理学者の福本喜繁は、昭和十八年四月に警戒警報が発令されたときの東京の様子を、次のようにラジオで語っている。

夕方になると、省線の駅々では電車から吐き出される人々、何千と云ふたくさんの人々が、薄暗い電灯の光が僅かに照らすプラットホームを、少しも混雑せずに整然として流れるように動いてゐます。

夜になると、東京のどの町もどの通りも、よく灯火管制が励行されて、全く黒一色に塗りつぶされてゐます。電燈の光が洩れてゐる所などは少しもありません。

その真暗な静かな町々の間を通して、そこには東京の人々の凛然たる気魄と、鉄のような意志とが漲つてゐるのが、眼に見えるように思はれました。

折から空には照空燈の光芒がさつと投げられて、夜の闇を截《き》ると、あちらからも、こちらからも光の帯が幾本も夜空にからみあつて都の空を護つてゐます。

ここも確かに戦場である――といふ事を私はひしくと身に感じました。

その夜、私が訪ねた家には、皆さんと同じいような国民学校の生徒が一人ゐました。警戒警報にもすつかり馴れ切つて、決して珍らしがつたり、騒いだりせずに、よく蔽遮された電燈の光の下で、落著いて平然として明日の学校の予習をしてゐました。

私はその生徒に訊ねて見ました。

「どうだ、アメリカの飛行機が今に来るかも知れないが、恐いか。」

その少年は直ぐに答へました。

「僕等はもうとつくに覚悟を決めてゐるのだ。此年やつて来なかつたら、それこそ来ない方がウソだ」とたのもしく答へました（福本喜繁「電燈の算数」ラジオ放送昭和十八年四月『続科学断想』所収）

真っ暗な東京の上空をサーチライトが交差している描写が印象的だ。戦時中のラジオでの講話だから、闇のなかで人々は毅然と振る舞い、整然と行動しているように語られている。

しかし暗い部屋の中で息を潜めるようにしていた人々の多くは、不安や鬱屈した気分をも黒布に包み込むようにして身を小さくしていた。だから無条件降伏を宣言する玉音放送のあった八月十五日の夜、窓から明かりが解き放たれるのを見て、自らの心の解放を味わったという思い出を手記などに記している人が少なくない。

昼の玉音放送に「戦争はすんだ」と告げられながら、半信半疑の夜を迎えて「みんな灯がついてる!」と二階からの義妹の声に私もかけ上ってみた街の灯り——、ワーッと義妹と抱き合って、二階からかけ下り、二人で玄関もお茶の間もお風呂もトイレも電灯と言う電灯はみんなつけて廻りました。暗幕を手荒くはずして窓を開け放して、ちっぽけな籐の椅子がこわれやせぬかと思うほど勢いよくどんと腰を下ろして、二人でアッハッハッと笑い続けました(岸本勝代、茂原市・NET社会教養部編『八月十五日と私』所収)。

夜になって誰はばかることなく、電燈の光が町に輝いた時、ホッとしたやすらぎをおぼえました。長い間、こんなに明かるい光をみたことがなかったのです。モンペをぬいで、母に夏羽織を更正した黒紫色のワンピースを着て海辺に出ました。潮の香りを含んだ浜風は昨日と今日と何の代わりもなく、波間には夜光虫が光っていました」(高島ヒロ子、東京都世田谷区『同前』所収)。

充分な医療にも恵まれない闘病生活の父であってみれば、室内の暗さにまして、どんなに心細い日々の連続であったことか。そんな折も折、終戦の詔勅は下ったのでした。私達国民は真の暗闇生活から救われました。

「電灯を明るくしてくれ」

生きる希望のなくなった父の、それは唯一の、今出来得る最高の夢であり、生命の灯でもあったのでしょうか。

臆病な私達は、しかし、すぐにはその黒いカバーを取り去ろうとはしなかった。

心の中を、いろいろな傷ましい記憶が横切って、不安が私達を動けなくしてしまうようだ。もう、ほんとうに敵機は来ないのだろうか。八月十五日。この日を境にして私達の生活が一変するなんて信じられない。カビ臭い小さな壕の中で、肩を抱き合って砲弾の金属音におびえた幾日かが、遠い遠い過去のものになるなんて、とても信じられはしない。

思えばあの日。詔勅をきいてなお、終戦の実感を掴み得なかった私が、やっと父の執拗な催促にそっとはずした黒いカバー。

パッ！　と明るくなった部屋の隅々にまで、その光りは溢れていた。私は、少女らしい感動に胸をふるわせ声をあげて泣いていた。明るい！　明るい！　と、叫びつづける声は、父の喜びの声であったか、私の心の中の叫びであったものか。

窓に遮蔽幕を張り、電灯に黒いカバーをつけ、じめじめした暗い不安な墓場の中のような生活になってから幾年月が経ったのだろう。肉親を戦火に奪われ、食糧難に加えて、個人の自由さえなく、生活のない生活に堪えてきた私たち」（神崎晴代、北九州市八幡区『同前』所収）

戦争がおわったという実感のもっともつよかったのはこの夜から、わたくしの家のそばに据えられてあった照空燈が、ぱったり消えたこと、そして、木の間越しにみえる村の家々の燈火のまたたきのなんともいえないなつかしさが、まず何よりも終戦の印象として残っています（平塚らいてう『元始、女性は太陽であった』）。

長らく暗幕のなかで抑鬱的な夜を過ごしていた人々には、電灯の光がのびやかに窓の外へ放たれ、室内に満たされているのを見たとき、初めて戦争という非常事態が終わったということが実感されたらしい。終戦と聞いてすぐに、これで夜には電灯がつけられると思ったという人々もいた。

終戦のラジオを聞いた時は「ああこれで今晩はゆっくりと寝られる」と涙がでるほどうれしかったのを覚えています。負けたということより、今夜から電気をつけて本が読めるとか、すごいほっとした気持ちが強かった記憶があります（諸井敏子『私たちの戦争体験記』所収）。

ああ、今夜から電燈が明るくなるんだなと思うと、敗戦を喜ぶというのではなしに、ただ何はともあれ、ほっとした。

私はあの日の、しんとした静かさを忘れることが出来ない。物音一つしない、虚脱したような空虚な静かさが、晴れ切った真夏の空と大地との間にひろがり満ちていた。

戦争というものの持つ狂騒音が、ばったりと死に絶えて、新しい誕生を待つ夜明けの静けさのようでもあった（淡谷のり子『酒・うた・男』）。

他にも戦争の終わりを電灯の明るさに実感したという記述は多数見いだすことができる。それは、あの懐かしい日常が帰ってきたという安堵と喜びだっただろう。

電灯の初点灯の喜びは、新しいものの到来を寿いでいたにすぎなかった。しかし再点灯の喜びは、電灯がすでにこの日常世界の秩序に不可欠な存在となっている世界の出来事である。不可欠な存在が失われ、復活した。電灯の復活は、神話劇的な儀礼にも似て、活力と安心をもたらし、あるべき日常の秩序を回復し、強化する。

実際に灯火管制が解除されたのは、八月十五日ではなかった。二十日である。だが手記のなかには玉音放送を聞いた夜のこととするものがいくつもある。その夜にはもう、みな暗幕を取り払っていたのだろうか。それとも実際には五日後であったにもかかわらず、十五日という画期の、闇を抜けたと感じた日の出来事として、記憶されているのだろうか。もしそうなら、なおのことそれは神話的な力を持った出来事だったと言えるだろう。

電灯と自治

昭和二十一（一九四六）年、マッカーサーは町会の解散を命令した。しかし町々では、さまざまな別の名義の団体を作って自治活動を維持しようとした。『町のいしずえ　日本橋二之部町会史』によれば、人形町三丁目では「電灯維持会」という団体を作ったという。防犯灯を作り、町内を明るくすることから、戦後復興を始めようとの趣旨によるものだった。他の町では、氏神の神社の再興を名目としてその神社名にちなむ団体名としたり、たんに親交会などという名称にしていたりもしたが、いずれの町でも防犯灯、街路灯の設置や維持が主要な事業とされ、「戦後の町会復興と商店街の再建は、この照明運動から始まるといってよいほど」だったという。

焼け跡に木の電柱が立てられ、小さな明かりがともりだした風景は、生活の場が復興してゆく実感にもつながって、さぞや心温まるものだったにちがいない。空襲を受けた全国の町で、同じことが起こっていただろう。

街灯が求められた最大の理由は、むろん防犯だった。昭和三十五（一九六〇）年には、自動車強盗の七五％は暗い道路で起こり、婦女暴行、いたずらは九五％が街路灯のない暗がりで起きたという。だから街灯設置は猛烈な勢いで行われ、とくに昭和三十九年に開催された東京オリンピックの前には急速に増えた。昭和三十三年に都内に約十六万灯だった街灯が、三十七年三月には二十八万灯以上になっている。

戦時体制下に統合されていた電力会社は、ＧＨＱの命令で分割され、松永安左エ門が戦前から主張してきた構想に従って再編成されて、昭和二十六年から九電力体制となった。九つあった配電会社のテリトリーが、そのまま発送電と一体の民間企業に割り振られたのである。かつての東京電灯が供給していたテリトリーは、現在の東京電力が担った。

東京電力は昭和二十六年に発足して以来、毎年の春と秋に「街を明るく、くらしを明るく」という表題を掲げたサービス週間を設けて、防犯協会や関係団体に防犯灯を寄贈し、また電気知識を広めたり会社の広報を行う機会としていた。このキャンペーンは東京オリンピックの昭和三十九年まで継続される。

『東電グラフ』昭和三十八年十月号の「読者の声」欄に「街路灯に感謝」と題された次のような投書が見られる。

私たちの暮らしを明るくする運動の一端として地元町会を通じて東電より寄贈された街路灯の下を通るたびに自動点滅器付けい光灯の明るい光に感謝しております。

終戦直後の街路灯一つなく、混とんとした時代を象徴するような真暗な街々を思いうかべると、今日、電化の普及によって家庭生活も合理的に、明るくなったことを感謝しないではいられない（高木英子・北区上十条）。

昭和三十八年にはまだ、街灯の明るさを見て、戦争中の暗さを思い出す人も多かったのだろう。同じ号に掲載された座談会「くらしのあかり」では、照明学会監事の笠原裏が「戦争中は灯火管制で暗かった。そこで年配の人は戦争のイメージと暗いというイメージが結びついている。戦後けい光灯が登場した。近代的な感じの明るい照明で戦争と結びついたイメージがない。そこでみんなとびついたんですね」と、戦後の明るさへの欲求を戦争体験に結びつけて語っている。

それに対して日本女子大学の学生、在間鈴栄は「日本人の感覚には、むしろ白熱電灯の暖かい落ち着いた光のほうがぴったりするんじゃないかと思うんですが」と応じ、同じく女子学生の老沼民江が「日本ではけい光灯のほうが長持ちするからいいという考えがあるんじゃないですか（笑）。だから切れるまで使う。最後はただついているだけ」とまぜっかえしている。戦争体験の有無が電灯への思いにも表れているようだ。

昭和三十年に建設中の新東京火力発電所の見学をした主婦は、その後の座談会で「停電もなくなるし、電気を遠慮して使う事もいらなくなるでしょうし……。今までは敗戦国のみじめさを感じたものでしたが、これでその感じもさっぱりと吹き飛んで、本当に明かるい生活が出来ますことでしょうと語る（『東電グラフ』昭和三十年五月号「主婦の目でみた発電所と家庭電化」第二回愛読者の集いより）」。電気を潤沢に使えることは、「敗戦国のみじめさ」を吹き飛ばすような喜びだったのだろうか。昭和三十四年の家庭電化ブームが始まった頃には、電化製品を買うことが「生きる希望」になってさえいた。

ある雑誌に日本の戦前と戦後の最大の変化は、電化であるという記事がのせられてあるのを見て、私もほんとにそうだと思った。全く、夢のように抱いていた事が、どんどん実現されてゆくのに驚かされる。昭和二十年に空襲で疎開した時は、食べるものさえ思う様にならなかったのに、こんな貧しいくらしをしていても、今は電気こたつや、電気あんかで炭をおこす手数もいらないし、どんな寒い時、外から帰って来てもスイッチ一つであたたかいこたつを囲むことが出来たり、水道と電気洗濯機を備えてからは、洗濯をしながら新聞を読む時間も、髪を梳く時間も、ラジオの前でいい音楽に耳を傾ける事もできる。考えてみるとほんとに有難いと思う。これからどこまでこの恩恵によくせるか、働いてだんだん電気の準備をしてゆきたいと思うだけでも生きる希望が一つ増えてきた。平和でさえあれば、この希望のかなえられる楽しい日がきっと訪れると思う（増田武子「電化の恩恵」『東電グラフ』昭和三十四年一月号）」。

平和であることが消費生活の喜びを支えているという実感は、まだ生々しい戦争の記憶のうえで生きていた人々のものだろう。

戦後になって電気は、闇から解放され、これから生活がよくなっていくという希望の意味を加えられたようだ。

やがて、電気を大量に使えることも当たり前になって、喜びと意識することもなくなったとき、電気は誰のものか、などという問いは、消えてしまった。それはきっと、とてもうかつなことだったのだと思う。

あとがき

二十年前からの宿題が、ようやくひとつ形になった。おおむね戦前のことしか書いていないから半分だけというべきだが、これまで何度か書きかけては挫折してきた課題だったので、やっぱりうれしい。

電気について書きたいと最初に思った頃には、電気がこれほど重要なテーマとして意識されざるをえない時代がくるとは、想像もしなかった。今となっては、いままで書けなくてよかったのかもしれないとも思う。あの東京電力の原発事故の後でなければ、「電気は誰のものか」という問いを、みずからの処世に迫る切実な問題として考えることはなかったろうからだ。

赤穂村のような公営電気のための争いや、全国各地を吹き荒れた電灯争議、あるいは漏電火災への恐怖をめぐる広報合戦、交流電気と直流電気を巡る争いにしても、そこに見いだされるのはみな今なお続く、それもより巨大化している問題だということが、あの原発事故の後では、とてもはっきりと見えるようになった。古い事件ばかり書き並べたようだが、いずれも過去のお話ではなかった。

電灯争議のところで登場した布施辰治弁護士は、昭和八年に日本労農弁護士団の治安維持法違反に連座して検挙されたが、翌年に保釈されると、保釈期間中に数多くの入会地をめぐる争議の弁護をしたそうだ。共有地として利用してきた共同体と、所有権を主張し占有しようとする名義人との争いである。人権派弁護士と呼ばれる布施だが、その根幹には入会のような自然につながる場の共有性を社会の生命とみなす思想があったように思われる。それはヒューマニズムよりも根深いものだっただろう。

電気は誰のものかという問いかけが、入会地のような共有性と自然観の問題につながったことは、電気にかかわる事件をたどってみたことの最大の収穫だった。いずれもう少し展開させてみたいと思う。

私的なことを少し記させていただくと、電灯争議の章で紹介した「電球の葬列」が行われた西水橋は、筆者が育った町であり、電球が納棺された玉永寺は筆者の実家の菩提寺である。電気についての本に故郷の町を登場させることになるとは思いがけないことだった。西水橋では、米騒動は知らぬ者のない事績だったが、電灯争議のことは子供らには知られていなかった。少なくとも筆者は聞いたことがなかった。争議の後、町民の間になんらかの傷痕が残ってしまったのかもしれない。後味の悪い結末を勝利と評されても納得できなかっただろうし、思想弾圧の強まりのなかで運動そのものがマイナス・イメージに彩られていったことも影響していただろう。全国の町村で、そうした苦い思いや亀裂が沈殿してきたのかもしれない。そう思うと、やはり電灯争議はもっとその意味を論じられるべきものではないかと思う。

本書を書き終えて、ようやく他にもためこんできた課題のいくつかについて書けるような気がしてきた。電気についても、事件史の戦後篇など、さらに書きたいと思う。

今回もお世話になった晶文社の足立恵美さんには、『怪物科学者の時代』で初めてお世話になったとき、いつか電気について書きたいとお話しして、それは面白そうだと励ましていただいた。足立さんの理解とそれ以来の気の長い励ましがなければ、こうして形にすることはできなかったと思う。そして大胆に素敵な装丁をしてくださった寄藤文平さん、鈴木千佳子さん。また、これまで励ましやお力添えをいただいた多くの皆様に、感謝を申しあげます。

二〇一五年七月末日

田中聡

参考文献

＊複数の版があるものについては、初版と参看した版のみを挙げた。

＊『東京電灯株式会社開業五十年史』
新田宗雄編　一九三六年　東京電灯株式会社

＊『東北の電気物語』白い国の詩編　一九八八年　東北電力

＊『電気屋昔話』竹内朴児　一九六〇年　電気商品聯盟

＊『電気屋聞書帖』竹内朴児　一九七〇年　電気商品聯盟

＊『長野に電灯が点いて八十年』
中部電力株式会社長野営業所編著　一九七九年
中部電力株式会社長野営業所

＊『新聞集成明治編年史』新聞集成明治編年史編纂会編
一九四〇年 林泉社（一九八二年　本邦書籍）

＊『赤穂事件　夢痕集』下村雅司　一九二四年　信義堂書店

＊『赤穂』下村雅司　一九二七年　信陽堂商店・松花堂書店

＊『長野県史　近代史料編　第二巻（三）市町村政』
長野県編　一九八四年 長野県史刊行会

＊『公営電気復元運動史』公営電気復元運動史編集委員会編
一五六九年　公営電気復元県都市協議会

＊『民衆的近代の軌跡　地域民衆史ノート2』
上條宏之　一九八一年　銀河書房

＊『伊那谷電気の夜明け　電燈がともって80年を記念して』
中部電力株式会社飯田支社広報課編著
一九八一年　中部電力飯田支店

＊『駒ヶ根市誌　現代編上巻』駒ケ根市誌編纂委員会編
一九七四年　駒ケ根市誌刊行会

＊『上郷史』上郷史編集委員会編
一九七八年　上郷史刊行会

＊『大阪文化の夜明け』篠崎昌美　一九六一年　朝日新聞社

＊『大阪市電気供給事業史』大阪市電気局編　一九四二年

＊『電灯市営の十年』大阪市電気局編
一九三五年　大阪市電気局

＊『大阪電灯株式会社沿革史』萩原古寿編
一九二五年　萩原古寿

＊『大阪市政70年の歩み』大阪市　一九五九年　大阪市

＊『京都電灯株式会社五十年史』
芦高堅作編　一九三九年　京都電灯株式会社

＊『闇をひらく光　19世紀における照明の歴史』
ヴォルフガング・シヴェルブシュ　小川さくえ訳
一九八八年　法政大学出版局

＊『電灯100年　見えざる天使たちの歩み』
電気を守る会　一九八一年

＊『風色の望郷歌』伊藤信吉　一九八四年　朝日新聞社
＊『足跡　北のあかり今に伝えて　体験談集　1』
北海道電力電気事業関係史料保存委員会編
一九九四年　北海道電力
＊『大阪府豊能郡止々呂美村誌』小上商諄編
一九三一年　止々呂美村
＊「ランプから電灯へ」渡辺靖之（『へき地未点灯解消のあゆみ』僻地未点灯解消記念会編
一九六七年　僻地未点灯解消記念会）
＊『電気灯』駒井宇一郎　一八八九年　品川電灯会社
＊『生活科学論の20世紀』山森芳郎　二〇〇五年　家政教育社
＊「電気業界関連団体の国民向け啓蒙活動
ー日本電気協会と家庭電気普及協会」伊東幸子
（猪木武徳編著『戦間期日本の社会集団とネットワーク
デモクラシーと中間団体』二〇〇八年　NTT出版）
＊『山本忠興伝』矢野貫城
一九五三年　山本忠興博士伝記刊行会
＊『子供電気学（小学生全集第五十七巻）』
山本忠興　一九二九年　文藝春秋社
＊『値段史年表　明治大正昭和』
週刊朝日編　一九八八年　朝日新聞社
＊『誰にも役立つ国民の電気　天の巻・地の巻』
宝来勇四郎　一九三三年　宝文館
＊『電気協会十年史』電気協会編　一九三二年　電気協会
＊『津軽の文明開化』吉村和夫　一九八八年　北方新社
＊『現代民話考12　写真の怪・文明開化』
松谷みよ子　一九九六年　立風書房
＊『古いメディアが新しかった時』キャロリン・マーヴィン
吉見俊哉・水越伸・伊藤昌亮訳　二〇〇三年　新曜社
＊『名古屋電灯株式会社史　稿本』中部電力株式会社
一九八九年　中部電力能力開発センター
＊『百年の大阪』第二巻
大阪読売新聞社編　一九六七年　浪速社
＊「勧誘と普及」木津谷栄三郎「電燈線工事三十六年
外線係上村駒太郎さんに憶ひ出を聴く」四貫島旭
（『大大阪』第一五巻第五号一九三九年五月号）
＊『電灯会社30年』神津真人　一九五八年　経済往来社
＊『北陸電気産業開発史』正治清英　一九五八年　国際公論社
＊『仙台昔話　電狸翁夜話』伊藤清治郎述　小西利兵衛編
一九二五年　小西利兵衛
＊『佐渡の電気』『佐渡の電気』編集委員会編
一九九五年　佐渡電友会
＊『宇治電之回顧』林安繁　一九四二年　宇治電ビルディング
＊『火の昔』柳田国男　一九四八年
実業之日本社（『柳田国男全集14』一九九八年　筑摩書房）
＊『明治事物起源』石井研堂 著　一九〇八年

橋南堂（『明治文化全集 別巻』
明治文化研究会編 一九八四年 日本評論社）
＊『工学博士藤岡市助伝』瀬川秀雄、藤岡市助君伝記編纂会編
一九三三年　工学博士藤岡市助君伝記編纂会
＊『大槻十三』大槻清韻会　一九六七年　桧書店
＊『梅若実聞書』梅若実述　白洲正子編 一九五一年
能楽書林（『白洲正子全集 第1巻』 新潮社 二〇〇一年）
＊『我輩は電気である』竹内時男・岡部操
一九四二年　畝傍書房
＊『帝国議事堂焼失の顛末』大石常三郎
一八九一年　大日本書籍行商社
＊『東京ガス百年史』東京ガス株式会社編　一九八六年
東京ガス
＊『火災の原因と予防』谷口磐若麿
一九二四年　大阪府南消防署
＊『警視庁統計一班』警視庁警視総監官房文書課編
一九三五年　警視庁総監官房文書課
＊『上野吉二郎伝』山本源太、上野吉二郎君伝記編纂会編
一九三三年　上野吉二郎君伝記編纂会
＊『電力技術物語　電気事業事始め』志村嘉門
一九九五年　日本電気協会新聞部
＊『岩垂邦彦』岡本終吉　一九六四年　岩垂好徳
＊『電気学会五十年史』電気学会編 一九三八年　電気学会
＊『電気の死刑』一二三子訳　一八九三年　春陽堂
＊『処刑電流　エジソン、電流戦争と電気椅子の発明』
リチャード・モラン 岩舘葉子訳 二〇〇四年　みすず書房
＊『家電今昔物語』山田正吾述　聞き書き森彰英
一九八三年　三省堂
＊『1928年の電気争議ー独占企業に対する経済闘争ー』
梅原隆章　一九五三年　顕真学苑
＊『富山電燈争議の真相』安倍隆一編
一九二八年　堂前事務所
＊『滑川市史　通史編』滑川市史編さん委員会編
一九八五年　滑川市
＊『北陸地方電気事業百年史』
北陸地方電気事業百年史編纂委員会編
一九九八年 北陸電力
＊『東電筆誅録』野依秀市編 一九一五年　実業之世界社
＊『天下無敵のメディア人間　喧嘩ジャーナリスト・
野依秀市』佐藤卓己　二〇一二年　新潮社
＊『電灯・ガスにたいする法律戦術』布施辰治
一九三二年　浅野書店（『布施辰治著作集 第9巻』
明治大学史資料センター監修
二〇〇八年　ゆまに書房）
＊『電灯争議の新戦術』布施辰治　一九三三年　希望閣
（『布施辰治著作集 第10巻』

明治大学史資料センター監修 二〇〇八年 ゆまに書房）
＊『三十年史』日本電気協会編 一九五三年 日本電気協会
＊『われらかく闘えり—電灯料値下げ運動史—』竹嶋儀助
一九六八年 津軽書房
＊『革命と青春 日本共産党員の群像』山岸一章
一九七〇年 新日本出版社
＊『岐阜市史 通史篇近代』岐阜市編 一九八一年 岐阜市
＊『八十年の回顧』松尾国松 一九五七年 中部日本新聞社
＊『日本電力業発展のダイナミズム』橘川武郎
二〇〇四年 名古屋大学出版会
＊『闘いの構図 上下』青山光二
一九七九年 新潮社（一九八四年 新潮文庫）
＊『神奈川県警察史 上巻』神奈川県警察史編さん委員会編
一九七二年 神奈川県警察本部
＊『間組百年史 1889-1945』間組百年史編纂委員会編
一九八九年 間組
＊『鶴見騒擾事件百科』
サトウマコト 一九九九年 ２３０クラブ
＊『電力界の功罪史』駒村雄三郎
一九三四年 交通経済社出版部
＊『小林一三伝』三宅晴輝 一九五四年 東洋書館
＊『電力国策の全貌』奥村喜和男
一九三六年 日本講演通信社
＊『私の人生観』小林一三 一九五六年 要書房
＊「電力問題の背後」小林一三述 一九三八年
東洋経済出版部／「大臣落第記」小林一三『中央公論』
一九四一年五月号（ともに『小林一三全集 第七巻』
一九六二年 ダイヤモンド社）
＊『続科学断想』福本喜繁 一九四三年 アマノ書店
＊『八月十五日と私 終戦と女性の記録』ＮＥＴテレビ
社会教養部編 一九六五年 社会思想社現代教養文庫
＊『続元始、女性は太陽であった 平塚らいてう自伝』
平塚らいてう 一九七二年 大月書店
＊『私たちの戦争体験記』板橋区消費者の会編
一九九五年 板橋区消費者の会
＊『酒・うた・男』淡谷のり子 一九五七年 春陽堂書店
＊『日本橋二之部町会史 町のいしずえ』
日本橋二之部町会連合会編
一九六六年 日本橋二之部町会連合会
＊『東電グラフ』一九六三年十月号
＊『東電グラフ』一九五九年一月号

田中聡

たなか・さとし

一九六二年富山県生まれ。富山大学人文学部卒業。同大学文学専攻科修了。膨大な資料をもとに、歴史に埋もれた事柄をあぶり出すノンフィクションを数多く著している。また近代化にともなう日本人の身体の変容についての著作もある。著書に『ハラノムシ、笑う』（ちくま文庫）、『元祖探訪　東京ことはじめ』（祥伝社黄金文庫）、『江戸の妖怪事件簿』（集英社新書）、『陰謀論の正体！』（幻冬舎新書）、『身体から革命を起こす』（甲野善紀との共著、新潮文庫）、『技アリの身体になる』（中島章夫との共著、バジリコ）、『美しき天然』（バジリコ）など多数があり、晶文社では『怪物科学者の時代』『ニッポン秘境館の謎』『不安定だから強い』がある。

電《でん》気《き》は誰《だれ》のものか――電《でん》気《き》の事《じ》件《けん》史《し》

二〇一五年八月三〇日　初版

著　者　田中聡
発行者　株式会社晶文社
東京都千代田区神田神保町一‐一一
電　話　〇三‐三五一八‐四九四〇（代表）・四九四二（編集）
URL　http://www.shobunsha.co.jp
印刷・製本　中央精版印刷株式会社

ISBN978-4-7949-6890-6 Printed in Japan